咖啡病虫草害
识别与防治

◎ 吴伟怀　陆　英　汪全伟　梁艳琼　主编

中国农业科学技术出版社

图书在版编目（CIP）数据

咖啡病虫草害识别与防治 / 吴伟怀等主编. --北京：中国农业科学技术出版社，2023.10

ISBN 978-7-5116-6525-6

Ⅰ.①咖… Ⅱ.①吴… Ⅲ.①咖啡—病虫害防治 ②咖啡—除草 Ⅳ.①S435.712 ②S451.22

中国国家版本馆 CIP 数据核字（2023）第 222316 号

责任编辑	史咏竹
责任校对	马广洋
责任印制	姜义伟　王思文

出 版 者	中国农业科学技术出版社
	北京市中关村南大街 12 号　　邮编：100081
电　　话	（010）82105169（编辑室）　（010）82106624（发行部）
	（010）82109709（读者服务部）
网　　址	https://castp.caas.cn
经 销 者	各地新华书店
印 刷 者	北京建宏印刷有限公司
开　　本	170 mm×240 mm　1/16
印　　张	18.75
字　　数	302 千字
版　　次	2023 年 10 月第 1 版　2023 年 10 月第 1 次印刷
定　　价	98.00 元

　　咖啡为茜草科（Rubiaceae）咖啡属（*Coffea L.*）植物，是亚热带和热带地区非常重要的经济作物，在世界三大饮料作物（咖啡、茶叶、可可）中，咖啡的产量、产值及消费量均居首位，预估年零售价值为 700 亿美元，是 1 亿多人口的主要收入来源，对 60 多个国家的经济至关重要。我国主要种植的是小粒咖啡（*Coffea Arabica*）与中粒咖啡（*C. canephora*）。前者主要在高海拔、低纬度的云南种植，后者则主要在高温高湿、海拔高度低于 600 米的海南岛种植。我国小粒种咖啡最早由法国传教士于 1892 年传入云南宾川县朱苦拉村，而中粒种咖啡则于 20 世纪初引入海南岛。据统计，2022 年全球咖啡产业市场规模超 4000 亿美元。我国咖啡行业市场规模 2022 年达到 1454 亿元左右，同比增长 28.6%。我国咖啡消费市场虽不及美国、德国、法国等北美洲和欧洲国家成熟，但增长空间广阔，且正处于高速发展阶段。

　　咖啡生产过程中，病虫草害是制约咖啡产业健康发展的重要植保限制因素之一。咖啡生产周期各阶段均有可能遭受不同病虫害的影响。例如，咖啡锈病严重时可能导致咖啡树完全落叶；咖啡浆果病能够侵染不成熟的咖啡豆，影响咖啡果实的产量和后期加工质量；咖啡枯萎病能够导致咖啡树整株死亡。这些世界性的病害曾对咖啡产业造成了巨大的经济损失，严重影响了咖啡产业的健康发展。钻心虫是一种为害咖啡的重大蛀干类害虫，严重影响水分输送，致使树势生长衰弱，枝叶枯黄，当幼虫蛀食至根部时，导致植株死亡，严重受害时可致全咖啡园摧毁。咖啡果小蠹被我国列入禁止入境的检疫性有害生物目录，受该虫为害后，咖啡豆的产量和品质都明显下降，严重时成熟果被害率达 96%，收获量减少 73%。此外，咖啡树品种老化、气候变化、极端天气、引种或种质交换可导致新的病虫害不断出现。

为了满足咖啡种植管理者以及科研教学工作者的实际需求，编者在结合多年调查鉴定结果，以及参考和总结国内外咖啡研究成果和生产经验的基础上，最终形成了本书。本书分为四个部分，第一部分为咖啡侵染性病害，第二部分为咖啡生理性病害，第三部分为咖啡虫害，第四部分为咖啡园草害。

本书的出版得到了中国热带农业科学院环境与植物保护研究所、农业农村部热带作物有害生物综合治理重点实验室、海南省热带农业有害生物监测与控制重点实验室、云南省德宏热带农业科学研究所、云南省咖啡研究国际联合实验室等单位和平台的大力支持，同时也得到了农业农村部政府购买服务项目的资助，谨此致谢！

在撰写本书的过程中，编写人员查阅并参考了大量的文献资料，在此表示诚挚的谢意。由于时间仓促，编写人员经验与能力有限，书中难免存在缺漏，烦请读者指出不足之处，以便修改和完善。

编　者
2023 年 9 月

第一部分　咖啡侵染性病害

第二部分　咖啡生理性病害

第三部分　咖啡虫害

第四部分　咖啡园草害

第一部分

咖啡侵染性病害

咖啡锈病

咖啡锈病是一种毁灭性病害，每年可导致 10 亿～20 亿美元的损失（McCook，2006）。咖啡锈病对咖啡种植产业的危害长达几个世纪，该病最早由英国探险家于 1861 年在靠近维多利亚湖（东非）的咖啡属物种上记录，于 1869 年首次被报道。随后，该病害在锡兰（今斯里兰卡）、印度尼西亚、南美洲等地区相继大规模暴发，导致了该地的咖啡种植产业衰败，给当地小粒咖啡种植造成了毁灭性的灾害和经济后果。因此，咖啡锈病已成为植物病理学史上最知名的病害之一（Talhinhas et al.，2014；2017）。

一、分布与危害

在世界各主要咖啡生产区，锈病均有不同程度发生。咖啡锈病是小粒种咖啡生产上危害最为严重的病害，因其具有流行猛烈、传播迅速、损失惨重的特点，令全球众多咖啡生产者望而却步。1861 年英国探险队首次在东非维多利亚湖畔发现咖啡锈病。1868 年，在亚洲的锡兰（今斯里兰卡），咖啡锈病发生了全球第一次大暴发，使咖啡锈病成为植物学史上最著名的植物病害之一。随后，全世界大多数咖啡种植国开始陆续遭受咖啡锈病的威胁，1870—1920 年，咖啡锈病从印度洋的咖啡种植区域蔓延到太平洋的咖啡种植区域，这是咖啡锈病发生的第一次蔓延；第二次蔓延在 1950—1960 年，在强大气流的影响下，咖啡锈病穿过大西洋到达非洲国家，同时穿越大西洋蔓延至美国的南部和中部。进入 20 世纪，由于中美洲的哥伦比亚、秘鲁和厄瓜多尔等国农业、气候和经济因素综合作用，咖啡锈病再次大暴发。2008—2011 年，哥伦比亚出现咖啡锈病大流行，导致哥伦比亚每年减少出口 3 万吨咖啡。2013 年，锈病席卷了墨西哥的中美洲地区咖啡生产诸国，对咖啡生产造成了冲击，导致危地马拉、萨尔瓦多、洪都拉斯、哥斯达黎加和巴拿马等国先后进入紧急预警状态。据统计，咖啡锈病每年造成10亿～20亿美元的损失，造成的产量损失高达35%，对数十万名劳动人民的生产生活造成了严重影响。严重时，可导致落叶率达50%，落果率达70%。我国于1922年首次在台湾发现咖啡锈病，1942—1947年于广西[①]龙津一带及海南发生，之后扩展至云南各地。

二、症　状

咖啡锈病主要为害植株的叶片部位，严重时，也可蔓延至果实及枝条。在锈病发生初期，叶背面可见浅黄色水渍状小病斑，随后，在病斑周围逐渐出现浅绿色晕圈，当病斑扩大到5～8毫米时，病部从气孔长出橙黄色粉状孢子堆，随着病情的发展，形成不规则形的大病斑，后期病斑中央逐渐干枯变褐（刘树芳等，2014）。严重感病的情况下，每片叶有2～10个疱状突起。发病严重时咖啡叶片干枯，过早落叶直至整个分枝死亡，果实变黑并脱落。实际上，单个咖啡锈病的疱状突起就能引起过早落叶。

咖啡锈病发生初期

① 广西壮族自治区，全书简称广西。

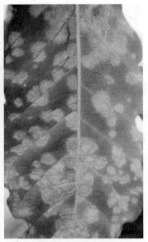

从气孔长出
橙黄色粉状孢子堆

叶片背面产生的
橙黄色粉状孢子堆

咖啡锈病引起植株落叶

三、病　原

1. 分类地位

病原菌为咖啡驼孢锈菌（*Hemileia vastatrix* Berk. et Br.），属担子菌亚门（Basidiomycotina）冬孢菌纲（Teliomycetes）锈菌目（Uredinales）柄锈菌科

（Pucciniaceae）驼孢锈菌属（*Hemileia*）。

2. 形态特征

目前只发现夏孢子、冬孢子、担孢子，而性孢子和锈孢子尚未发现，也未发现有转主寄主。咖啡锈菌生活史尚未完全阐明，在自然中仅靠夏孢子侵染咖啡，靠菌丝体在病叶内越冬越夏，病叶是锈菌唯一的生存场所。

夏孢子　咖啡叶背的黄色粉末即锈菌夏孢子，孢子均由叶背气孔伸出，孢子密集排列，相互倾轧呈椭圆形、肾形、拟三角形或不规则形。一般有明显的驼背，其背脊上密生短刺，而腹部无刺。孢子大小（30.0～42.5）微米×（20.5～31.2）微米，平均34.9微米×23.75微米。夏孢子萌发时一般产生1～3个芽管。

冬孢子　比夏孢子略小，为陀螺形或不规则形，黄色，外表光滑，有一乳突，体积（26.4～30.0）微米×（16.0～24.7）微米。常出现于夏孢子堆中，但不普遍。无休眠期，接触水立即发芽，伸出棍棒状粗大的担子梗。

担孢子　梨形或卵圆形，橙黄色（14.7～15.7）微米×（11.6～12.3）微米，担孢子形成即可萌发，芽管粗短，不能侵染咖啡。

3. 生理小种

咖啡驼孢锈菌（*Hemileia vastatrix* Berk. et Br.）存在生理小种分化，印度学者Mayne于1932年首次报道咖啡锈病病原菌存在生理分化现象，并先后鉴定出4个生理小种。1955年美国与葡萄牙合作，成立咖啡锈病研究中心（CIFC），收集世界各生产国主要咖啡种质，根据种质对锈菌生理小种的抗/感反应，分为不同生理种群，并用来作为锈菌小种的鉴别寄主谱，至目前发现小种类型近50个。1998年中国热带农业科学院植物保护研究所的陈振佳通过在我国咖啡植区采集咖啡锈病标样，在葡萄牙国际咖啡锈病研究中心（CIFC）进行生理小种鉴定，发现云南咖啡植区有Ⅰ（v2,5）、Ⅱ（v5）、XV（v4,5）、XXIII（v1,2,4,5）和XXIV（v2,4,5）5个生理小种（陈振佳和张开明，1998）。云南省德宏热带农业科学研究所于2010—2016年相继引进多个咖啡锈菌生理小

咖啡病虫草害识别与防治

种鉴别寄主（表1），并鉴定出云南咖啡锈菌生理小种14个（表2）（白学慧
等，2018）。

表 1　咖啡锈菌生理小种鉴定常用鉴别品种

品种群	品种	生理类群	抗病基因
849/1	Matari	B	$S_{H?}$
128/2	Dilla & Alghe	α	S_{H1}
63/1	Bourbon	E	S_{H5}
1343/269	H. Timor	R	S_{H6}
87/1	Geisha	C	$S_{H1,5}$
32/1	DK 1/6	D	$S_{H2,5}$
33/1	S 288-23	G	$S_{H3,5}$
110/5	S.4 Agaro	J	$S_{H4,5}$
1006/10	S.12 Kaffa	L	$S_{H1,2,5}$
644/18	H. Kawisari	M	$S_{H5?}$
H419/20	MN 1535/35 × HW 26/13	3	$S_{H5,6,9}$
H420/2	MN 1535/35 × HW 26/13	2	$S_{H5,8}$
H420/10		1	$S_{H5,6,7,9}$
832/2	H. Timor	A	$S_{H5,6,7,8,9}$
7963/117	Catimor	α	$S_{H5,7}$ 或 $S_{H5,7,9}$
13969	*C. racemosa*	F	$S_{H?}$
368/12	*C. excelsa* Longkoi	N	$S_{H?}$
263/1	*C. congensis* Uganda	B	$S_{H?}$
829/1	*C. congensis* Uganda	K	$S_{H?}$

表 2　云南咖啡驼孢锈菌生理小种及其相关毒力基因

生理小种	毒力基因	生理小种	毒力基因
II	v5	XXXV	v2,4,5,7,9
I	v2,5	XLI	v2,5,8
XXIV	v2,4,5	XLII	v2,5,7,8 或 v2,5,7,8,9

生理小种	毒力基因	生理小种	毒力基因
Ⅷ	v2,3,5	XXXⅨ	v2,4,5,6,7,8,9
XXXⅢ	v5,7 或 v5,7,9	新小种	v2,5,6,7
XXXⅣ	v2,5,7 或 v2,5,7,9	新小种	v1,2,5,7 或 v1,2,5,7,9
XXXⅦ	v2,5,6,7,9	新小种	v1,5,7 或 v1,5,7,9

四、病害循环

1. 病害流行特征

品种的感病性、病菌生理小种类型、咖啡的树龄和活力、咖啡园是否有荫蔽、树冠的茂密程度、气候条件等因素影响着咖啡锈病的发病率和严重程度。在气候最有利于咖啡锈病流行发生时，在老树或管理不佳的咖啡树上发展更快。树冠茂密时如果肥料不充足，更容易发生锈病；荫蔽可减少锈病发生。荫蔽度、树冠密度和单株营养状况之间的相互作用非常复杂。因树冠密度和落叶程度不同，虽荫蔽度相似，但锈病在相邻植株间发病程度不同。

2. 侵染过程

咖啡驼孢锈菌夏孢子的萌发需要液态水，最适萌发温度为 $21 \sim 25 \, ℃$，最高温度为 $28 \, ℃$，最低温度为 $15 \, ℃$。孢子萌发 10 小时内，通常在萌发芽管的末端产生附着胞，附着胞大多产于叶片下表面气孔开口处，并经气孔进行侵染。全光照的咖啡气孔开关频度要较荫蔽条件下高很多，因而受锈病侵染的频率要高。不过，品种间的气孔开关频度的差异与锈病抗感性无关。咖啡锈病的潜育期既受寄主因素影响，又受环境条件影响。当环境最适时，在感病品种上的潜育期最短（2 周左右），而在干冷条件下，在中抗品种的老叶上潜育期最长（可达数月）。条件适宜时，侵染后 1 ～ 3 周症状初显，侵染后 2 周至 2 个月形成夏孢子，夏孢子萌发再度侵染，以此完成病害循环。平均潜育期与最高日均温及最低日均温相关，可以此预测不同气候条件下咖啡锈病的发病程度。潜育期的长短对咖啡锈病的流行进程有很大影响。

五、防治方法

1. 抗病育种

从经济环保的角度来考虑，种植抗性品种无疑是最佳的选择。自 20 世纪 20 年代起，抗病品种的选育逐渐兴起，高产和优质是抗病品种选育的目标。利用抗锈品种防治咖啡锈病具有很好的应用前景。建议选用经全国热带作物品种审定委员会审定的抗锈品种（如德热 132、德热 3 号等），或经专业机构鉴定对锈病具有抗性的品种（如萨奇姆系列品种、德热 48-1、德热 296 等）。

2. 农业防治

加强抚育管理，提供适宜的荫蔽，防治咖啡园早衰，合理施肥，适时修枝整形，断顶，促进营养生长，控制过度结果损伤树势。

3. 生物防治

在利用咖啡锈菌重寄生菌防治锈病方面已取了一些进展。调查研究表明，在墨西哥的咖啡锈病中发现 6 种在自然状态下存在的 *H. vastatrix* 重寄生菌，其中 5 种 *Acremonium byssoides*、*Calcarisporium arbuscula*、*C. ovalisporum*、*Sporothrix guttuliformis*、*Fusarium pallidoroserum* 是首次报道的 *H. vastatrix* 重寄生菌，而 *Verticillium lecanii* 此前已有相关报道，这 6 种重寄生菌被认为是良好的生物防治剂，在显微镜下观察到它们完全破坏了锈菌的生殖结构，减少了可能感染新咖啡植株的锈孢子数量。Jame 等（2016）通过对真菌 rRNA 基因条码的单分子 DNA 测序鉴定了 15 种假定的 *H. vastatrix* 重寄生真菌，这些真菌的种类主要集中在 Cordycipitaceae 科以及 Tremellales 目。有趣的是，该研究中指出 *Glomerella cingulata* 和 *Colletotrichum gloeosporioides* 均伴随着高丰度的锈菌 *H. vastatrix* 出现在两组来自不同地区的样品中，该研究推测

Colletotrichum、*Glomerella* 和 *Capnodiales* 可能作为兼性重寄生菌而存在，尽管这类菌株的典型作用被认为是内生菌或植物寄生菌，但其对宿主的正面影响，可能是其对咖啡专性寄生病原真菌咖啡锈菌产生直接负面影响的结果。过去也曾有报道指出胶孢炭疽菌 *C. gloeosporioides* 作为多种热带树种检测到的一种非常常见的内生菌，已被证明表现为可可真菌病的抑制因子。

过去研究表明在几种病理系统中已证明由于内生微生物的作用而抑制植物病害的现象。在控制条件下进行试验，包括从小粒咖啡 *Coffea Arabica* L. 和中粒种 *Coffea Canephora* L.（Robusta）的叶和枝中分离的内生细菌，以评估 *H. vastatrix* 的萌发抑制作用。利用 *H. vastatrix* 生理小种Ⅱ作为供试病原菌株，结果显示所测试的内生细菌 *Bacillus lentimorbus* Dutky 和 *Bacillus cereus* Frank. & Frank 在抑制 *H. vastatrix* 夏孢子萌发方面起到了积极的防治效果。尽管这些内生菌的防治效果不如杀真菌剂丙环唑明显，但给 *H. vastatrix* 的生态防控带来了一些希望，咖啡的内生细菌可有效控制咖啡叶锈病，未来有希望成为化学杀真菌剂的替代品（Shiomi et al.，2006）。

Gómez-De 等（2014）从 2014 年 12 月至 2015 年 1 月，对受咖啡锈菌 *H. vastatrix* 感染的小粒种 *Arabica* 咖啡样品以及可能存在咖啡锈菌 *H. vastatrix* 重寄生菌的样品取样，分离出 23 个与 *H. vastatrix* 相关的真菌，并在属的水平上进行鉴定，并且评估了这些菌株对 *H. vastatrix* 的抑制效果，结果显示 *Lecanicillium* spp.、*Calcarisporium* sp.、*Sporothrix* sp. 和 *Simplicillium* spp. 均为 *H. vastatrix* 重寄生菌，接种后 120 小时，用 *Simplicillium* sp. 和 *Lecanicillium* sp. 获得最高寄生率。García-Nevárez 和 Hidalgo-Jaminson（2019）试图从当地分离到的具有高毒力的 *Simplicillium* 菌株，以及评估商业重寄生菌株在哥斯达黎加控制 *H. vastatrix* 的防效，结果显示 *Simplicillium lanosoniveum* 和 3 种生物农药可以用于控制哥斯达黎加的咖啡锈病；同时，结果也显示本地分离株显示出比其他菌株更高的防治效果。

4. 化学防治

化学杀菌剂虽能在一定程度上能控制病害，但化学杀菌剂的成本占整个生产成本的 30%，而绝大多数国家的咖啡生产者都是小农户，昂贵的农药费用支出往往超出他们的经济承受力。为降低病原菌对所施药剂产生抗药性的风险，可采用含铜杀菌剂、有机杀菌剂和内吸性杀菌剂。有机杀菌剂可采用广谱通用型的杀菌剂（如代森锰锌）或宽谱型杀菌剂（如灭菌丹、敌菌丹等）。使用含铜杀菌剂，铜可作为重要的微量元素在植株体内传导，对咖啡的生长起到一定的促进作用。使用有机杀菌剂（如百菌清）对咖啡浆果病有一定的控制效果，但也可导致咖啡细菌性叶斑病的迅速发生。内吸性杀菌剂具有较好的应用前景，通过喷施内吸性杀菌剂将药剂运送到植株体内并在特定部位起作用，但若未能妥善处理，病原体会产生抗性。据研究，与铜制剂混合或与其他杀菌剂交替使用，可降低病原体产生抗性的风险。在病原菌侵入寄主植物前，利用杀菌剂防治锈病可起到很好的预防作用，但是长期使用杀菌剂可使病原菌抗药性增强，进而杀菌剂施用量增加，长此以往环境污染更加严重。

　　具体而言，我国在 10 月中下旬监测咖啡叶片发病率，检查叶片下表面，带有锈病斑（包括单个病斑）的叶片大于 5% 时为喷药防治阈值，采用三唑酮、戊唑醇、嘧菌酯等杀菌剂喷雾防治，通常喷药频率为每个月 1 次，每个产季喷施 2 次为宜，不同药剂交替使用，药剂及其施用量见表 3。

表 3　咖啡锈病田间施药防治常用农药品种和用量

中文通用名	英文通用名	化学分类	每亩①用药量（有效成分）	剂型	每亩制剂用量
氢氧化铜	Copper hydroxide	铜制剂	125 克	50% WP	250 克
三唑酮	Triadimefon	三唑类	65 克	50% WP	130 克
丙环唑	Propiconazol	三唑类	12.5 克	25% SC	50 毫升
戊唑醇	Tebuconazole	三唑类	15 克	25% EC	60 毫升
嘧菌酯	Azoxystrobin	甲氧基丙烯酸酯类	15 克	25% SC	60 毫升

———————————

① 　1 亩≈667 米²，全书同。

咖啡褐斑病

　　咖啡褐斑病又名叶斑病、眼斑病或雀斑病，由咖啡生尾孢菌（*Cercospora coffeicola* Berk. & Cooke）引起，是世界各咖啡产区普遍发生的一种病害（龙亚芹等，2017；吴伟怀等，2020；Andrade et al.，2016）。主要为害咖啡植株叶片、果实，偶尔为害茎干（Martins et al.，2008；Azevedo de Paula et al.，2016；Andrade et al.，2016）。1901 年在印度的咖啡园首次被发现。

一、分　布

　　该病在咖啡各种植国的不同咖啡品种上广泛发生，幼苗及幼树尤其容易感染，是苗圃的主要病害之一。主要为害叶片，也为害浆果，影响果实发育，一般年份对产量影响不大，严重时会造成叶片凋落、落果，甚至枯萎（Azevedo de Paula et al.，2016）。

二、症　状

　　主要为害咖啡的叶片和果实，苗期叶片症状和成株期叶片症状各不相同。

　　苗期叶片症状　病斑红褐色，似眼睛，故称褐眼斑病。随着病斑扩大，病部中央出现同心轮纹，病健交界明显。

　　成株期叶片症状　病斑在叶两面均可以出现，初期出现小而黄的眼斑，扩展后逐渐形成直径 5～10 毫米、具同心轮纹的圆形或近圆形病斑，中央灰白色，边缘褐色。环境高湿时，下面长出黑褐色霉层，即病原菌的分生孢子梗和分生孢子。有时数个病斑汇成大斑，但仍有数个灰白色的中心点。病叶一般不脱落。

浆果症状 初期呈圆形、褐色，扩展后形成不规则形斑块，长满褐色霉层，有时整个果面被病斑覆盖，导致浆果坏死、脱落。

咖啡褐斑病为害中粒种幼苗症状

咖啡褐斑病为害小粒种咖啡幼苗症状

咖啡褐斑病为害成龄叶片症状　　咖啡褐斑病为害浆果症状

三、病　原

无性阶段为半知菌类尾孢属咖啡生尾孢（*Cercospora coffeicola* Berk. et Cooke），有性阶段为子囊菌门球腔菌属咖啡生球腔菌（*Mycosphaerella coffeicola* Sacc.）（Azevedo de Paula et al.，2016）。

病原菌于 PDA 培养基上，菌落平展，菌丝体早期灰白色，后期灰黑色，菌丝体多埋生。分生孢子梗 3～30 根簇生，大部分较直，具 2～4 个隔膜，褐色至黑褐色，大小为（44.20～120.34）微米×（3.15～6.81）微米。分生孢子无色或淡褐色，鼠尾形、线形或鞭形，基部较粗，至端部逐渐变细，具有10～20 个隔膜，大小为（40.36～310.36）微米×（3.38～5.58）微米。

病原菌菌丝体在温度 13～35℃比较适合生长，其中 25～28℃为较佳生长温度，其生长速率显著高于其他温度；反之，当温度低于 13℃或高于 35℃时，菌落生长缓慢或不生长。在全光照、全黑暗，以及光暗交替培养条件下，病原菌生长速率无明显差异。病原菌在 pH 值为 3～11 条件下均有生长，但在pH 值为 6～7 的条件下，生长速率最快，其生长速率明显优于在其他 pH 值下（吴伟怀等，2020）。病菌分生孢子萌发的温度范围为 15～30℃，最适温度为25℃。除为害小粒种咖啡，还为害中粒种咖啡、大粒种咖啡。

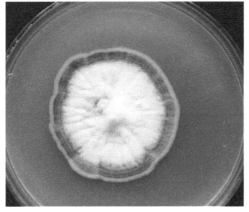
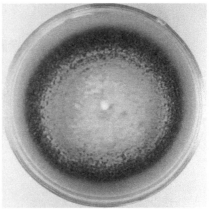

咖啡生尾孢菌 PDA 培养性状

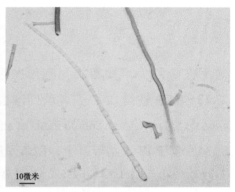

咖啡生尾孢菌分生孢子梗　　　　　　　　　咖啡生尾孢菌分生孢子

四、病害循环

该菌以菌丝体或分生孢子潜伏在病组织上越冬，翌年春季菌丝体恢复生长产生分生孢子，或在病组织上存活下来的分生孢子借气流传播，也可以通过雨水飞溅、农具和农事操作传播，吸水萌发后产生芽管，从气孔或伤口侵入寄主组织（Souza et al.，2011）。在叶片病斑上全年都可以产孢，不断往返侵染，引起多次再侵染。

五、发病条件

苗圃幼苗或新植区幼苗缺乏遮蔽、直接暴露在阳光下，叶片易被侵染；土壤贫瘠，尤其是缺氮缺钾时，寄主的抗病力下降，发病明显加重；花期干旱，杂草丛生或遭草甘膦类除草剂药害，根部受到根结线虫或丝核菌侵染，发病也重。20～28℃温暖多雨季节，尤其相对湿度在95%以上，叶、果表面湿润期持续36～72小时，易流行。因此，苗圃幼苗一般在4—11月发病，多在阴雨天流行。

六、防治方法

以加强栽培管理为主，药剂防治为辅。

1. 加强栽培管理

选择干燥、易排水肥沃地块建园，合理密植，种植不宜过深；间作时选用非寄主作物；在幼树种植区，4—5 月或 9 月前适当遮蔽苗圃，施足基肥，追施氮肥、钾肥；花期干旱适当浇水，雨后加强通风透光，增强植株抵抗力，减轻病害发生；及早防治根部病害（如根腐病、根结线虫病等），定期除草，但注意避免使用草甘膦类除草剂以避免药害，及时剪除病叶与病果并烧毁，或提前采收浆果。

2. 药剂防治

发病初期喷洒等量式（硫酸铜∶石灰∶水 =1∶1∶100，余同）波尔多液，或 50% 多菌灵可湿性粉剂 600～800 倍液，或 50% 苯菌灵可湿性粉剂 800 倍液，隔 10～15 天一次，连续防治 2～3 次。在雨季病害发生严重时，每月喷 1 次 50% 克菌丹可湿性粉剂 500～600 倍液，或 20% 灭菌丹可湿性粉剂 400 倍液，或 50% 苯莱特可湿性粉剂 800 倍液，或 50% 多霉威可湿性粉剂 1000 倍液，或 50% 百·硫悬浮剂 500～600 倍液，其他可使用的药剂还有代森锰锌、福美锌、甲基托布津等杀菌剂。每 10～15 天喷一次，连喷 2～3 次。在新垦区注意保持良好的荫蔽，若有发病，喷洒等量式波尔多液，注意苗期避免喷施含铜杀菌剂。

咖啡炭疽病

咖啡炭疽病几乎在世界所有咖啡生产地区均可发生，是咖啡生产中重要病害之一（Avelino et al., 2018）。在我国咖啡产区连年发生，病原菌可侵染嫩叶、叶柄、枝条和咖啡浆果等部位，引起叶片脱落、枝条干枯和果实腐烂，严重影响咖啡的产量和品质。近几年，随着世界经济的全球化以及中国咖啡产业的快速发展，我国咖啡的种植面积也不断扩大，咖啡炭疽病是最严重的几种咖啡病害之一，我国云南、海南等各大咖啡种植基地及苗圃陆续发现炭疽病为害，并且病情不断加重，可造成 20%～80% 产量损失。

一、分 布

咖啡炭疽病遍布世界所有咖啡主要栽培区域，包括非洲、印度尼西亚、中南美洲，以及我国云南、海南、广西和广东等地。

二、症 状

炭疽病在咖啡各生长期均可发生。叶片感病多在叶尖和叶缘产生褐色病斑，随着病斑不断扩大，后期病斑中心呈灰褐色且具同心轮纹排列的黑色小点，边缘为暗褐色，其外缘有黄色晕圈；发病严重者数个病斑交汇成大病斑，叶片干枯、脱落。高温条件下，叶片边缘出现黑色圆形病斑，病斑中央呈灰白色，病斑外缘有黄色晕圈，叶背有同心轮纹，上有黑色小点。枝条感病时，病斑黑褐色、形态不规则。新鲜浆果感病时在果实向阳面出现深褐色灼伤凹陷斑，斑痕扩展形成不规则凹陷灼伤区，最后果皮干褐挂于枝上。旱季小树和弱树易感病，出现大量落叶，并伴随枯枝症状。

咖啡炭疽病为害叶片症状

咖啡炭疽病为害茎秆症状

三、病　原

咖啡炭疽病由炭疽菌属真菌（*Colletotrichum* sp.）引起，该属真菌是一类极为常见的半知菌，对生态环境的适应性很强，寄主范围十分广泛，分布于世界各地，能够侵染木本植物和草本植物的叶片、果实、枝条，引起多种植物病害。特别是在我国海南及云南等高温、高湿的热带及亚热带地区，更适合该菌生长。炭疽菌属内种类繁多，分类关系复杂，不同种的致病力也存在明显差异，在世界各地多个菌种均可引起不同程度的咖啡炭疽病害。例如，*C. kahawae sub* sp. 引起的咖啡浆果病，在非洲导致咖啡产量损失高达70%～80%；在越南 *C. gloeosporioides* 对阿拉比卡咖啡的 Catimor 品种造成15%～60% 的产量损失。咖啡浆果炭疽菌（*Colletotrichum kahawae*）被列为我国入境检疫性有害生物。

研究表明病原菌在 PDA 上于室温下培养，菌落发展特征基本相似，前3天气生菌丝为白色，以后转为不同程度灰色，从稀疏至浓厚，棉絮状，1个月左右下陷。菌落圆形，边整齐明显，初为白色，后转为不同程度灰黑色，第三至第五天菌落上散生大量粉红色或橘黄色孢子团，后期由粗壮的褐色菌丝形成菌核结构。

分生孢子盘呈扁圆形盘状，偶见刚毛，刚毛基部褐色，上端渐淡，分隔，硬直或稍弯曲，由基部向上端渐细，端稍圆，分生孢子梗短，不分枝，无色透明。分生孢子单孢，无色，圆柱形，两头钝圆，少数一端稍细，孢子中间多数有1个油滴，大小为（14.0～15.1）微米×（5.2～5.5）微米。分生孢子萌发时中间产生一横隔，在芽管顶端产生一附着胞，附着胞圆形、梨形或不规则形，初为白色或亮绿色，后期变褐色，中间有1个亮绿色折射点，大小为（5.67～6.30）微米×（6.64～7.43）微米。

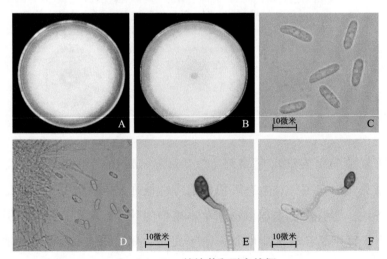

C. siamense 纯培养和形态特征

A、B. PDA 培养基上的菌落；C. 分生孢子；D. 分生孢子梗；E、F. 分生孢子附着胞

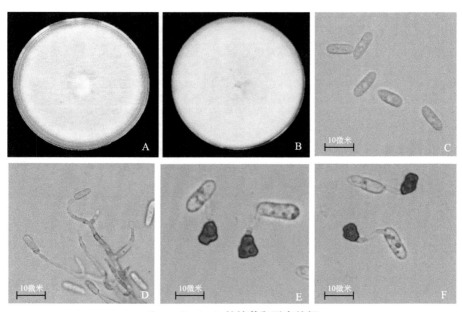

C. nupharicola 纯培养和形态特征

A、B. PDA 培养基上的菌落；C. 分生孢子；D. 分生孢子梗；E、F. 分生孢子附着胞

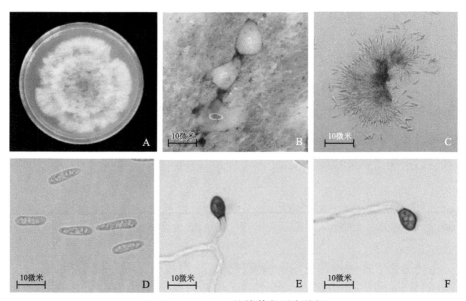

C. theobromicola 纯培养和形态特征

A. PDA 培养基上的菌落；B. 分生孢子堆；C. 分生孢子梗；D 分生孢子；E、F. 分生孢子附着胞

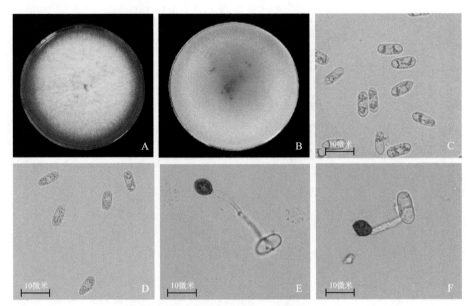

C. karstii 纯培养和形态特征

A、B. PDA 培养基上的菌落；C、D. 分生孢子；E、F. 分生孢子附着胞

四、发生规律

咖啡炭疽病周年都可以发生。年初（1月至2月中旬）病情较轻，但有明显上升趋势。因此，3月中旬，叶片发病率、病情指数出现高峰。其后，病情逐渐减轻，6月上旬叶片发病率、病情指数再次降到接近最低点。下半年病情越来越严重，10月果的病情最重。10—11月叶片的发病率和病情指数升至最高点，以后病情变化幅度不大。

五、防治方法

主要分为农业防治和化学防治两种方式，多数情况下为两者相结合。

1. 农业防治

针对咖啡炭疽病的防治，一方面做好修枝整形、浇水、施肥等工作，适当对植株进行遮阴，保证咖啡的生长抵抗力等。加强田间管理，建设良好的排灌系统，管理好田园卫生，及时清理病原菌，适当剪枝、创造出良好的小气候环境，使咖啡植株能够生长健壮，从而提高抗病能力；选择种植对炭疽菌具有较强抗性的咖啡品种；种植荫蔽树对咖啡炭疽病的发生也起到一定的预防作用，黄根深等（1994）通过大田调查发现，在荫蔽条件下的咖啡通常发病轻，而在无荫蔽田间的咖啡发病较重。通过盆栽试验验证，置于树下制造出荫蔽条件的咖啡，叶片病情较轻，置于空旷无荫蔽的阳光下时，咖啡叶片病情则明显严重。另一方面，可用等量式波尔多液、百菌清、代森锰锌可湿性粉剂600～800倍液、铜高尚悬浮剂、甲基托布津及多菌灵进行喷洒，药物浓度可根据病害情况和作物生长时期进行调整。

2. 化学防治

化学防治措施主要包括预防和治疗两个方面。关于炭疽病的化学防治，苯丙咪唑类杀菌剂多菌灵和甲基硫菌灵通过抑制病原菌细胞 β- 微管蛋白合成而阻碍正常的有丝分裂达到抑菌的效果，腈菌唑和三唑酮为真菌甾醇生物合成抑制剂，导致真菌细胞裂解死亡。采用硫酸铜：生石灰：水 =1：3：100 的波尔多液进行大田防治，防治效果较好。郑肖兰等（2015）通过室内杀菌剂敏感性试验表明 97.5% 的腈菌唑对炭疽菌具有较好的抑制作用，并建议在病害防治过程中避免长期使用单一药剂，可将多种单药剂轮换使用或喷施混剂，这样既可有效避免抗药性的产生，又可有效防控病害。在咖啡树开花后的 2 周，使用1% 的敌菌丹喷洒植株，随后每隔 3 周喷洒一次，喷洒 8 次后停止，可以起到很好的作用。

咖啡立枯病

咖啡立枯病是由立枯丝核菌（*Rhizoctonia solani*）引起，是世界各咖啡产区普遍发生的一种病害。主要为害咖啡幼苗，少数为害幼龄咖啡树。

一、分　布

立枯丝核菌引起的根腐病于 1904 年最早在美国烟草植株上被发现并报道，此后，在加拿大、澳大利亚、英国、日本、土耳其和伊朗等多个国家都有报道。

立枯病是咖啡幼苗期重要的病害，常造成幼苗在苗床大面积枯死。该病分布广泛。几乎所有苗圃均有不同程度的发生。

二、症　状

发病初期在幼苗茎基部或茎干上的病斑扩展，形成环状缢缩，造成顶端叶片凋萎，全株自上而下青枯、死亡。病部树皮由外向内腐烂，重者腐烂至木质部。在病部长出乳白色菌丝体，形成网状菌索，后期长出菜籽大小的菌核，灰白色至褐色。

三、病　原

病原物分类　该病病原菌为立枯丝核菌（*Rhizoctonia solani*），属丝孢纲（Hyphomycetes）无孢目（Agonomycetales）丝核菌属（*Rhizoctonia*）真菌。

　　病原菌形态　初生菌丝无色，后呈茶褐色。菌丝分枝处缢缩，呈直角分枝，不远处有一横隔。菌核近球形或无定形，无色或浅褐色至黑褐色。

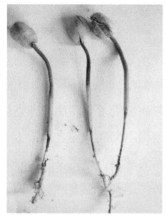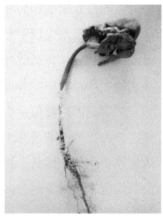

咖啡立枯病为害症状

咖啡立枯病病菌菌丝

四、病害循环

　　菌丝能直接侵入寄主，通过水流、农具传播。以菌丝体或菌核在土壤或病残体上越冬，在土中营腐生生活可存活 2～3 年。病菌适宜生长温度为 19～42℃，最适温度为 24℃；适宜 pH 值 3.0～9.5，最适 pH 值 6.8。地势低洼、排水不良，土壤黏重，植株过密，发病重。阴湿多雨利于病菌入侵。

五、发病条件

立枯病可分为生理性立枯病和病理性立枯病两种。生理性立枯病是在不良条件下，秧苗蒸腾失水与吸水失调引起，即由于叶片蒸腾作用需水量较大，根系吸收的水分无法满足其需求，造成叶片水分不足，影响正常的生理代谢，引起植株发病；在实际生产过程中，如地势偏低、土壤质量差、土层通透性差以及温度的变化等一些不良因素都可能引起病害的发生。病理性立枯病是由真菌引起的侵染性病害，由于种子或苗床土消毒不彻底，加之幼苗生长环境不良以及管理不当，致使秧苗生长不健壮，抗病力减弱，导致发病。一般在连续低温或温度时高时低的情况下极易发病，尤其是遇到高温多湿时，植株易发生徒长而导致立枯病的发生。

六、防治方法

1. 农业防治

苗圃地不要连作，整地要细致、平整，最好高畦育苗，避免苗圃积水。沙床催芽选用干净的河沙，避免重复使用，播种不宜过密，适当淋水，苗圃注意田间卫生。选用无病土做营养土装袋。

选用抗病抗寒力强的优良品种，精选种子，细致催芽。用盐水浸泡选种，除掉质量差、不饱满的种子，筛选出品质优良、抗性强的种子用来播种。

2. 化学防治

采用6%立克秀悬浮种衣剂按照每千克咖啡种子2毫升药剂（稀释200倍）浸种3小时，在室内晾1天后播种，可有效防治咖啡立枯病。苗床或苗圃发现病苗及时清除，并喷药防治，选用苯醚甲环唑、戊唑醇、多菌灵等杀菌剂防治。

3. 生物防治

在立枯丝核菌的生物防治方面，已报道的生防菌包括生防真菌及生防细菌等。生防真菌如哈茨木霉（*Trichoderma harzianum*）和绿色木霉（*Trichoderma viride*），可产生拮抗性化学物质胶霉毒素等抑制立枯丝核菌的生长。生防细菌如枯草芽孢杆菌（*Bacillus subtilis*）对立枯丝核菌的抑制率在 40% 以上。

咖啡细菌性叶斑病

咖啡细菌性叶斑病又称咖啡细菌性晕疫病（文衍堂和陈振佳，1995；白学慧等，2013；da Silva et al., 2021）。1955 年，巴西首次发现咖啡细菌性叶斑病并进行了报道，该病严重影响了巴西高海拔地区咖啡的品质与产量。2012年，在云南瑞丽咖啡种植苗圃也发现该病（白学慧等，2013）。此病可引起苗床感病叶片脱落、茎尖枯萎，最终导致植株死亡，该病目前在南美洲多个咖啡种植国家均有发生，并造成严重影响（Sera et al., 2017；Andreazi et al., 2018；Badel & Zambolim，2019）。

一、分　布

云南咖啡种植区苗圃、咖啡园均有不同程度的发生。

二、症　状

感病初期叶片上出现暗绿色水渍状小斑点，随后扩大成不规则形的大小约1.5 厘米的褐色病斑，病斑边缘不规则略呈波纹状，并带模糊的水渍状痕，其外围有黄色晕圈。在潮湿环境下，病斑背面出现菌脓，严重时引起落叶枝条干枯，幼果坏死。

三、病　原

病原物分类　丁香假单胞菌咖啡致病变种（*Pseudomonas syringae* pv.

咖啡细菌性叶斑病为害症状

garcae），属细菌假单胞目。

病原菌形态　菌体短杆状，大小为 0.5 微米×（0.7～1.2）微米，排列方式多数单个，偶有双链，在 NA 培养基上形成灰白色圆形菌落，稍隆起，有光泽，不透明，表面光滑，边缘微皱。革兰氏染色反应阴性，氧化酶反应阳性，精氨酸双水解酶反应阳性，在 KBA 培养基上产荧光色素，菌体短杆状，两端钝圆，鞭毛极生 1 根至数根。革兰氏染色反应阴性，不产生芽孢和荚膜。

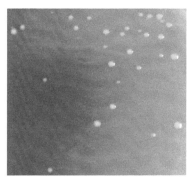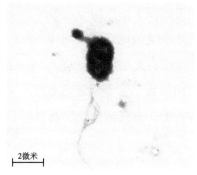

2微米

病菌菌落形态　　　　　　　　菌株电镜照片

四、病害循环

该病以树上和脱落在地面的病叶为初侵染源，借助风雨传播，并通过伤口或气孔侵入，风雨是影响该病流行的主要气象因素。品种、树龄、长势也有影响。

病菌在种子及病残体上越冬。该病在田间借雨水、灌水、昆虫、农具和农事操作近距离传播。病菌发育温度最高 35℃、最低 5℃。高温、湿度大发病重，重茬地、排水不良、土地瘠薄或缺肥发病重，相对湿度 85% 以上就能逐渐显症，7—8 月是防治此病的关键时期，当天气较冷后病害慢慢停止侵染或扩展较缓慢。

五、防治方法

1. 农业防治

种植抗病品种，小粒种咖啡部分携带 *SH1* 基因的品种对该病具有抗性，搞好田间卫生，清除枯枝落叶和坏死的幼果，并集中销毁。

采用地膜覆盖栽培，保持土壤水分相对稳定，既能减少土壤中钙质养分淋失，又促进根系生长，阻挡土壤中病原向地上部传播。未覆盖地膜的地块，生长期间要多中耕、少浇水，以提高地温，增强植株抗性。

及时清除田间杂草。夏季高温干旱时，适宜傍晚浇水，可降低地温，但须及时排出田间积水，严防大水漫灌。

利用夏季空闲期，每亩撒施 100 千克生石灰、500 千克碎麦草，翻耙入耕层，铺盖地膜，充足灌水，密闭 15～20 天，利用太阳能高温杀菌。

加强田间栽培管理，施足基肥，多施优质腐熟有机肥，增施磷肥、钾肥，实行配方施肥，提高植株抗病能力。

2. 化学防治

喷洒或浇灌 72% 普力克水剂 800 倍液，与 69% 安克锰锌可湿性粉剂 1000 倍液、琥珀酸铜（DT）可湿性粉剂 500 倍液交替使用，连续防治 3～4 次，雨后及时补喷，可取得较好的防治效果。选用 30% 氧氯化铜 700 倍液、77% 可杀得可湿性微粒剂 500 倍液、3% 中生菌素可湿性粉剂 1500 倍液或 10% 苯醚甲环唑水分散粒剂 2000 倍液，7～10 天喷一次，连喷 2～3 次。

咖啡美洲叶斑病

咖啡美洲叶斑病也称鸡眼病，是由橘色小菇引起的一种严重侵害咖啡、造成咖啡落叶的病害。它局部发生于西半球中南美洲国家。在美洲的发病区，因该病侵染造成的咖啡产量损失可高达 25% ～ 70%（钟国强和郑文荣，1999）。1986 年我国将此病列入禁止入境的危险性病害之一。

一、分　布

在哥伦比亚、巴西、哥斯达黎加、危地马拉、委内瑞拉、尼加拉瓜、巴拿马、古巴、墨西哥、萨尔瓦多、洪都拉斯等 10 多个国家均有发生。

二、症　状

咖啡美洲叶斑病主要为害咖啡植株的叶片，也可为害嫩枝和果实。叶片受害病部产生一个黑色圆形斑点，直径约 1 毫米，中间可见一小而圆的黄色侵染体。随着时间推移，斑点逐渐扩大，开始带有不清晰的边缘，病斑变老时，斑点上的颜色逐渐变浅，但侵染体仍保留在斑点中部不易脱落。一般情况下，病斑大小为 3～10 毫米，多数为 4～6 毫米。典型的病斑为圆形，黄褐至浅红褐色，病部正面稍凹陷，病健交界明显，形状如鸡眼。有些情况下，病斑变为奶白色或保持黑色不变。据现场观察，奶白色的病斑往往发生于荫蔽的植株上或植株中下部较少阳光照射的病叶上；而黑色的病斑则产生于持续高湿环境下生长的植株上。当有两个以上病斑连接时，病斑出现不规则形状。在干旱季节，病部的坏死组织会脱落，在叶片上留下空洞。叶脉上的病斑向两边稍微伸长，凹陷，浅灰色，病部有散生的乳黄色晕圈，晕围外多有狭窄的暗色边缘。如果侵染发生在近叶基部的中脉上，它会造成嫩叶叶柄脱离，并在叶片将要成熟时脱落。落叶是该病影响植株产果率，导致产量损失的主要原因。嫩枝受害部位形成病痂，易被风吹断。受害果实产生浅绿色近圆形斑点，后期病部变奶白色至浅红褐色，被害果实不易脱落。

三、病　原

咖啡美洲叶斑病的病原菌是橘色小菇 [*Mycena citriolor* (Berk & Curt.) Sacc]，属于担子菌亚门层菌纲无隔担子菌亚纲伞菌目伞菌科的小菇属（*Mycena*），此菌为美洲热带潮湿山区和森林地区的习居菌，通常以营养菌丝体存在，菌丝细胞双核并有锁状联合（Rao & Tewarj，1987；Granados-Montero et al.，2020）。在自然界中，它可产生两种繁殖结构，一种是无性阶段的芽孢，另一种是有性阶段的担子果。芽孢为黄色针状结构，细胞间充满黏液，由一个细长圆柱状，长约 2 毫米的茎，连接一个头（芽孢体）组成。向上逐渐变细的茎是一个坚硬的圆柱体，较嫩时直立而垂直于基质，继续生长时，经常会或多或少弯曲，连接着芽孢体顶部的茎变得有些似 S 状弯曲，S 状弯曲部分从外看是藏于芽孢体内的。芽孢体的形状似一个扁球形，与茎连接处有一较小的颈圈，从侧面看形似飞碟，芽孢体展开时，直径约 0.33 毫米，表面中间稍微凹陷，它的中央部分由较大的拟薄壁组织围绕着，边缘较薄一层由较小而扁平的细胞组成，在萌发的时候，此薄层细胞放射出细长的分枝状有分隔的菌丝（侵染丝），使它看起来毛茸茸的样子。芽孢体较易脱落，尤其潮湿、遇水时，会很快脱落而成为侵染体。担子果黄色，由菌柄和菌盖组成，形状如一把微型的小伞。菌柄刚毛状，直立，黄色，有非常细的绒毛，长 0.6～1.4 厘米，连接菌柄的菌盖，半球形，伞面状，菌体薄膜中间稍凹陷，边缘或多或少扁平，光洁，可透光。菌盖直径 0.8～4.3 毫米，通常 2.0 毫米，一般比芽孢大 5 倍以上，辐射状条纹 7～15 条，直径 2.0～4.5 毫米，带有尖锐的边。菌褶少，黄色，有点蜡质，三角形，在其终点变小。担子

棍棒状，（14.0～17.4）微米×5微米。担孢子非常小，椭圆形或卵形，无色，
（4～5）微米×（2.5～3.0）微米。

四、病害循环

咖啡美洲叶斑病的侵染主要靠无性阶段的芽孢来完成。非常潮湿的条件
下，病部产生芽孢，当芽孢成熟时，芽孢的头部（侵染体）遇水就会脱落；在
雨水的冲刷下，溅到寄主叶片上，芽孢头通过产生一种黏液物质附在叶的表
面，其周围产生很多侵染丝穿透表皮，然后袭击叶片组织形成病斑。病原菌在
侵染过程中产生的代谢物草酸是一种植物毒素，它通过降低 pH 值并且从线粒
体和其他细胞壁中螯合钙来影响寄主。它与真菌同时产生的细胞壁酶，例如聚
合乳糖酶和纤维素酶协同作用。草酸降低了寄主组织中的 pH 值，使酶活性处
于最佳水平，并从寄主中分离出钙，从而为酶对细胞壁水解创造了条件，进一
步瓦解寄主组织。由于芽孢对植物叶片有很强的侵染能力，试验结果表明，没
有伤口该病原菌也能侵入寄主。

咖啡美洲叶斑病的流行取决于初侵染源的存在和很高的湿度。降雨的天数
和程度与病害流行呈正比关系。

五、防治方法

在田间管理方面，哥斯达黎加改变在咖啡园中种植树木或香蕉树作遮阴物
的传统，增加了无遮阴的咖啡园，使园内湿度降低，大幅度减少了咖啡美洲叶
斑病的发生，咖啡的生产能力得到很大提高（Avelino et al.，2018）。

Arciniegas-Grijalba 等（2019）研究表明氧化锌纳米粒子对咖啡美洲叶斑
病病原菌的抑制率到达 90% 以上。在生物防治的研究中，哥斯达黎加的科学
家发现了一些真菌和细菌对咖啡美洲叶斑病菌有拮抗作用，例如，用哈兹木
霉（*Trichoderma harzianum*）做试验，在雨季前把它洒在叶片上，再喷农药
Cobox（甲基烯酯磷），经过此处理，带有芽孢的病斑就会减少。另外，该研

究发现很多细菌菌株能破坏病原菌的芽管，采用其中一种最有效的拮抗细菌（5 号菌株）做试验，用细菌＋木薯粉＋泥炭土混合喷雾法防治咖啡美洲叶斑病，防治效果很好。

咖啡煤烟病

煤烟病又称为煤污病、煤病，由多种病原菌真菌引起，一般由半翅目昆虫分泌蜜露导致。

一、分　布

该病在咖啡种植区普遍发生，全年都可为害，对咖啡的光合作用及植株长势影响很大，严重时，叶片发黄、畸形皱缩。

二、症　状

多在叶片中下部先表现症状，在受害叶片上覆盖一层黑色煤烟状物（分生孢子器和分生孢子）。在病部常会见到咖啡绿蚧、蚜虫等。

发病初期症状　于叶片、枝条或果实表面产生一层暗褐色霉斑。

发病后期症状　在叶片上散生黑色小粒点（子囊座），易被水冲刷掉。逐渐发展成为黑色绒状霉层覆盖发病部分，病菌仅附在表面生长，呈煤烟状，不能侵入到植株的组织内。菌膜一般不易脱落，但发病特别严重、菌膜厚的反而易剥离，剥离后枝、叶表面仍为绿色。

三、病　原

引起咖啡煤烟病的病菌有多种。常见种为子囊菌门腔菌纲座囊菌目煤炱属的巴西煤炱菌（*Capnodium brasiliense* Pulldmans.）和半知菌类丝孢纲丝孢目的

煤烟病为害症状

Tetraposporium sp.。

巴西煤炱菌（*Capnodium brasiliense* Pulldmans.）　菌丝表生，暗褐色。子囊座圆柱形，可分枝，顶端膨大呈头状；子囊束生于黑色闭囊壳基部，棒形，大小（30～45）微米×（10～26）微米，含4～8个子囊孢子；子囊孢子椭圆形或梭形。暗褐色，具2～4个隔膜，大小（10～15）微米×（4～6）微米。分生子器瓶形或棍棒形，其内产生分生孢子。

Tetraposporium sp.　分生孢子梗较短，分生孢子单生，淡褐色至褐色，多呈4叉状分支，每个分支具多个分隔，分隔处稍缢缩，分生孢子顶端色淡，稍钝。

四、病害循环

病菌以菌丝体及闭囊壳在病部越冬，翌春产生子囊孢子借风雨传播。

五、发病条件

栽培管理不良、植株高大郁蔽、透光差、潮湿的园圃发病重。该病以咖啡绿蚧、蚜虫的分泌物为营养进行生长繁殖，因此虫害重，病害则重。在我国海南以旱季为盛发期。

六、防治方法

1. 搞好田园卫生

做好修枝整形，保持树体通风透光良好。在果期积极除草后及时对果树进行修剪，剪除枯叶、老叶并收集焚烧或深埋，以加强果园通风透光。

2. 合理施肥

避免偏失氮肥，适当多施有机肥、磷肥和钾肥，增强树体抗虫能力。

3. 药剂防治

及时防治蚜虫类、蚧类、粉虱类害虫是防止煤烟病发生的根本措施。选用 30% 乙酰甲胺磷乳油 500～1000 倍液、48% 乐斯本乳油 1000～2000 倍液、2.5% 功夫乳油 1000～3000 倍液或 0.3% 苦参碱水剂 200～300 倍液等喷雾杀虫。亦可在发病初期选用 50% 多菌灵可湿性粉剂 400 倍液、75% 百菌清可湿性粉剂 800 倍液、30% 氧氯化铜胶悬剂 800 倍液、70% 甲基托布津可湿性粉剂 1000～1500 倍液、等量式波尔多液、石硫合剂或二硫化氨甲酸盐等喷雾。每隔 7 天喷一次，连续 3 次，效果很好。

咖啡黑果病

咖啡黑果病在肯尼亚被称为咖啡果腐病，在中国被称为黑果病、枝枯病或枯梢干果病。此病可由生理、病理、虫害等多方面原因引起，初期会导致果实表面出现褐斑，后期病斑变黑，果皮干瘪下陷，豆粒发育不良（舒梅和山云辉，2002）。严重影响咖啡产量和品质，严重时可引起中层果枝叶成批脱落和枝条回枯，甚至植株死亡。

一、分　布

此病在亚洲、非洲咖啡种植区均有分布。

二、症　状

咖啡黑果病常发生在大量挂果且植株营养不良的园地。一般发生在植株中层果枝上，最初咖啡幼果皮出现红褐色斑点，继而扩大呈近圆形的斑块，斑块周围有淡绿色晕圈，重者可扩展至整个果表；后期病斑变成黑色，果皮干瘪下陷，与种壳紧密结合，不容易剥脱果皮，病斑周围健康的果皮也早熟变红，豆粒发育不良。同时，在叶片上也可以看到褐斑病症状。如果发病较早并严重，可使整个幼果变黑干枯，到翌年2—5月常引起中层果枝叶片成批脱落和枝条干枯，甚至植株死亡。

咖啡黑果病为害症状

三、病　原

咖啡黑果病主要由于植株营养不良，生殖生长超过营养生长、养分失调，特别是糖分和钾素的降低以及病菌侵染、虫害等因素引起。大体上可分为褐斑病侵染型，镰刀菌、炭疽菌侵染引起的果蒂腐烂型，生理性失调干果型，以及虫害干果型4种。其主要病原菌如下。

咖啡生尾孢菌（*Cercospera coffeicola* Berket cooke）属半知菌，分生孢子鼠尾状、无色、多分隔，一端较尖，另一端较粗，大小为（38.4～67.2）微米×（3.2～4.8）微米，此菌感染咖啡叶果常呈褐斑，也称褐斑病，最为常见。

咖啡炭疽病菌（*Colletotrichum coffeanum* Noack）属半知菌炭疽菌属，分生孢子生于分生孢子盘内，单细胞短圆柱形，无色透明，大小为（12～18）微米×（4～5）微米，分生孢子盘内有刚毛，比分生孢子长4～5倍，黑色、有分隔。此菌常在7月上旬至8月上旬感染果枝，使枝条呈水渍状腐烂，带有臭味，然后在果节处沿果柄、果蒂发展，使果柄腐烂、果实变黑。

拟束梗镰刀菌（*Fusarium stilboides*）有性世代为 *Gbberella stilboides*，菌丝呈疏松棉絮状，能产生黄、红、紫等色素。分生孢子梗的形状不一，分为大型、小型两种。大型分生孢子椭圆形或镰刀形，两端稍尖，略弯曲，多细胞，无色；小型分生孢子单细胞，卵圆形，单生或串生。此菌首先引起枝条腐烂，

木质部深灰色，然后果柄、果蒂干腐，病部灰白色，从而导致整枝果实变黑（舒梅和山云辉，2002）

四、发生规律

黑果病随着植株营养的下降而病情加重，植株营养良好时几乎无病发生。各段枝条碳水化合物含量与该段上黑果程度相一致，钾的含量与结果区部位症状和干果程度正相关；而氮含量与糖含量则相反，干果最重区反而高，可以说，氮与黑果病无直接关系，但生理性缺钾是引起黑果病流行的一个重要因素。

黑果病在冷凉及高湿季节，特别是长期干旱后的雨季或长期下雨后突然天晴、直射光强烈、气温升高的情况下发生较重。因为病原菌的分生孢子萌发对湿度要求较高，在饱和的相对湿度或有水膜条件下，温度为20℃时，持续7小时才能萌发。孢子萌芽后，芽管直接由叶表皮、果实和枝条的伤口侵入。病菌还可潜伏侵染在绿色浆果上，到果实成熟时变得更活跃，在温度15～28℃有自由水的情况下，孢子发芽直接侵入绿果的角质层，多数侵染开花后6～8周的幼果。

咖啡黑果病受荫蔽度的影响，无荫蔽种植的植株更容易感染黑果病。对于旱季长、光照强、气温高的地区要种植荫蔽树来增加荫蔽度，减少黑果病的流行。

咖啡天牛、根粉蚧、木蠹蛾等害虫流行，会为害树干、树根，引起植株衰弱、营养失调，也会导致黑果病发生。

五、防治方法

1. 种植抗病品种

咖啡品种间存在抗感差异，如卡蒂莫系列的 P_3、P_4 较易感病，而鲁伊鲁11 抗病性较强，Geisha 和 Blue Mountain 品种抗病性较好。

2. 加强栽培管理

每生产 250 千克鲜果要施入氮肥 5 千克、磷肥 0.5 千克，钾肥 6.25 千克。保持健康植株的良好长势，营养水平不低于主要营养物质的临界值，保证咖啡叶片钾含量在 1.75%～1.90%，增强抗病能力。避免营养失调、生理性缺钾等引起生理性失调型黑果病的发生。

3. 种植荫蔽树

改变园内小气候和土壤环境，减弱光合量使植株有节制地结果。减少直射光线对幼果的灼伤，把园内荫蔽度控制在 20%～40%。

4. 控制产量

小粒种咖啡生长，叶片营养状况与产量性状之间有显著相关性。具体表现在叶片含钾量、氮／钾、含氮量、磷／钾、浆果树／结果枝对数、浆果数／叶片数与单位面积产量的显著相关。由于小粒种咖啡特殊的结果生理，如果不根据植株长势及营养情况控制产量，极易引起营养生长和生殖生长的失调，导致黑果病普遍流行。每平方米挂果 500 粒为理想产量指标，可保证植株长势良好，实现咖啡生产的可持续性发展。

5. 防治虫害

对根粉蚧、木蠹蛾等害虫进行防治，控制其危害在经济水平之下，减少虫害型果病的发生。

6. 化学防治

对咖啡生尾孢菌、炭疽病感染型黑果病，用等量式波尔多液、40% 氧化铜 100 倍液、70% 百菌清 250 倍液或 80% 敌菌丹 80 倍液，在发病季节每隔 7～10 天喷药一次，连续喷 2～3 次。每年 4—9 月喷药 1～2 次，6—7 月喷 1 次，可防治黑果病的流行。对镰刀菌感染型植株用甲基托布津 800～1000 倍液或多菌灵 400 倍液喷病株及周围植株，严格控制该病蔓延。

咖啡叶枯病

咖啡叶枯病是咖啡生产上一种新发现病害（Gong et al., 2019）。于2019年在咖啡园首次发现，在云南、海南主要咖啡产区不同品种上均有发生，一般咖啡园发病率为10%～15%，病情严重时，发病率高达45%。

一、症　状

主要为害咖啡叶片，感病叶片从叶尖或叶沿开始发病，沿着叶脉扩展，病部中央出现水渍状黄褐色病斑，病健交界明显，随着病斑逐渐扩大，病斑由黄褐色、棕褐色变成黑色，严重时整叶干枯、脱落（Gong et al., 2019; Lu et al., 2021）。

咖啡叶枯病为害症状

二、病　原

无性阶段为半知菌腔孢纲（Coelamycetes）球壳孢目（Sphaeropsidales）球壳孢科（Sphaeropsidaceae）橡胶生拟茎点霉（*Phomopsis heveicola*）。

病原菌在PDA培养基上生长速度较快，呈白色绒毛状。后期可在培养基上产生黑色分生孢子堆。分生孢子盘黑色，初埋生，成熟后外露，后期在黑点上出现乳白色胶状物。产生两种类型的分生孢子：甲型分生孢子单细胞，长4～6微米，宽2～3微米，呈卵形至椭圆形，内含1～2个油球；乙型分生孢子呈线性，一端呈钩状，大小（14～35）微米×（1.5～2）微米（Gong et al., 2019）。

　　菌丝生长最适合温度范围为 25～30℃，最适合 pH 值为 6，黑暗条件对菌丝生长更为有利，最佳碳源为麦芽糖，最佳氮源为硝酸钾（陆英等，2023）。

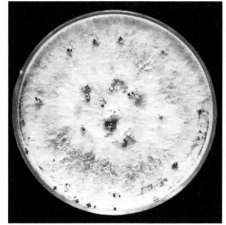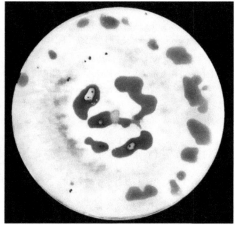

病原菌 PDA 培养性状

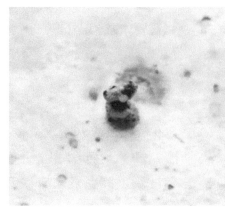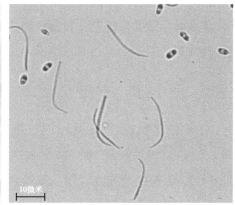

分生孢子堆　　　　　　　　　　两种类型的分生孢子

三、病害循环

　　每年的 3—11 月均可发生，初侵染通常发生在温湿度较为适宜的早春。病原菌主要通过两种途径进行侵染：第一种是咖啡园带病老枝条或病残体带菌，菌丝越冬后在适宜的环境下侵染新梢；第二种是病原菌分生孢子随雨水飞溅传播，遇到轻微伤口的部位侵入，导致病害的发生。在叶片病斑上全年都可以产孢，不断往返侵染，引起多次再侵染。

四、防治方法

以加强栽培管理为主，药剂防治为辅。

1. 田间管理

对病枝进行修剪并将病残体移出咖啡园，减少来年该病害的初侵染源。在感染高峰期，除了剪除病枝外，清除田间落叶／枝条／落果。保持园里良好的排水系统／通风透光系统。

2. 合理施肥

茎点霉非常容易侵染含氮量较高的植株，所以需要加强水肥管理，平衡使用氮磷钾肥。

3. 化学防治

发病初期喷施多菌灵可湿性粉剂 600～800 倍液，或 10% 水分散剂 800～1200 倍液，间隔 10～15 天一次，连续防治 2～3 次。病害发生严重时，每 10～15 天轮换喷施咪鲜胺、苯醚甲环唑、多菌灵、戊唑醇、嘧菌酯、甲基硫菌灵和百菌清等杀菌剂，连喷 2～3 次。

咖啡藻斑病

一、分　布

咖啡藻斑病是咖啡常见病害之一。据调查，在海南白沙、琼中、万宁，云南普洱、临沧发生较普遍。主要在荫蔽度与湿度较大的咖啡园。国外目前未见藻斑病的详细分布报道。

二、症　状

多在老龄咖啡树的上发生，枝条也可受害。初期在叶面产生黄褐色针头大小圆点，逐渐向四周呈放射状扩展，形成直径 3～15 毫米的圆形或近圆形稍微隆起的病斑，其上可见黄褐色毡状物（病原菌的孢囊梗和孢子梗），后期病斑中央绒毡状物散净，呈灰白色、略凹陷。嫩枝被侵染后，寄生藻侵入皮层内部，表面症状不明显，直到翌年生长季节，病部表面出现寄生藻的红褐色、绒毛状孢囊梗时，叶片生长受阻而变小，甚至落叶，嫩梢枯死。

三、病　原

为绿藻门头孢藻属的头孢藻（*Cephaleuros virescens* Kunze=*C. parasticus*），寄生藻的囊梗黄褐色、粗壮、呈叉状分支，有明显的隔膜，顶端膨大呈球状或半球状，其上生瓶状小梗，每个小梗顶端着生 1 个游动孢子囊。游动孢子

咖啡藻斑病为害叶片症状

咖啡藻斑病为害叶片背面症状

咖啡藻斑病为害枝条症状

囊球形或卵形，黄褐色，大小（14～20）微米×（16～24）微米，游动孢子囊成熟后，遇水释放出游动孢子。游动孢子肾形或椭圆形，无色，侧生双鞭毛。

四、病害循环

头孢藻以营养体在病叶、病枝上越冬。翌年 5—6 月在炎热潮湿的环境条件下，产生囊梗和游动孢子囊，游动孢子囊借风雨传播，遇水后释放出游动孢子，游动孢子萌发自植株叶片的气孔侵入寄主组织，在表皮细胞和角质层之间蔓延，营养体成熟后伸出表皮，顶端再次分化出孢囊梗和游动孢子囊，成为再侵染源，引起多次再侵染。

五、发病规律

温暖潮湿的条件，有利于游动孢子囊的产生和传播，因此，在降水频繁、雨量充沛的季节，藻斑病的扩展蔓延最快。树冠密集、荫蔽过度、通风透光不良、植株长势衰弱时，该病易发生及蔓延。土壤贫瘠，地块积水及干燥，也有利于发病。

六、防治方法

1. 修剪通风

及时剪除徒长枝、弱枝、病枝并烧毁，创造通风透光条件。

2. 加强养护管理

注意开沟排水、松土，适当增施磷肥、钾肥，提高植株的抗病力。

3. 药剂防治

发病初期，喷施硫酸铜∶生石灰∶水＝1∶1∶200 的波尔多液、0.5% 的硫酸铜稀释液、30% 碱式硫酸铜（绿得保）悬浮剂 400 倍液或 12% 松脂酸铜（绿乳铜）乳油 600 倍液等，每隔 10～15 天喷一次，喷 2～3 次，有一定的防治效果。

咖啡腐皮镰孢黑果病

一、分 布

咖啡黑果是小粒种咖啡产区普遍出现的一种症状，严重影响小粒种咖啡的产量与质量（舒梅和山云辉，2002；李荣福等，2015）。产生黑果的原因也有多种，既有生理因素引起的枝枯干果，也有虫害、病害所引起的黑果（王剑文等，1993）。在病害方面，对云南省普洱市思茅区咖啡黑果病的调查结果表明，咖啡生尾孢菌、咖啡炭疽病菌及拟束梗镰刀菌（*Fusarium stilboides*）均可导致咖啡黑果（舒梅和山云辉，2002）；而由腐皮镰孢（*Fusarium solani*）引起的咖啡黑果病则是近年来在云南普洱首次发现的新病害（朱孟烽等，2021）。

二、病害症状及病原菌的形态特征

朱孟烽等（2021）的研究结果表明，该病原菌主要为害咖啡果实，感病果实变蓝黑色，由果柄向果蒂逐渐蔓延，最后发展至全果。通过常规分离法分离获得分离物 CPE5、CPE12，分离物在 PDA 上生长迅速，培养 7 天后，菌落呈圆形，毡状，菌丝灰白色，表面稀疏，背面出现浅黄色色素。分生孢子有 1～8 个隔膜，长 6.08～65.3 微米，宽 2.76～9.03 微米；小型分生孢子呈肾形，大型分生孢子似纺锤形，两端尖。

咖啡腐皮镰孢黑果病为害症状

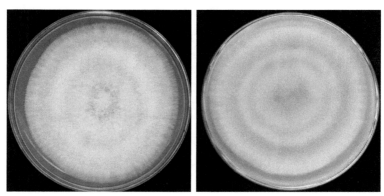

PDA 培养基上的菌落形态（正面）　　PDA 培养基上的菌落形态（反面）

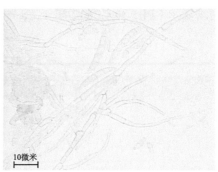

病原菌接种果实为害症状　　　　　分生孢子形态

三、病原菌分子特征

采用 ITS1/ITS4、T1/T22、EF1H/EF2T、LROR/LR5 共 4 对引物对病原菌进行分子鉴定（表 4），经过琼脂糖凝胶电泳检测分别获得 568 个、1332 个、743 个、925 个碱基对的片段。将上述序列分别在 GenBank 数据库中进行同源性搜索，下载同源性较高的菌株序列，与致病菌株 CPE5 和 CPE12 的序列构建 Neighbor-joining Tree。由于数据库中序列长度存在差异，使用 Seqman 软件进行比对并手工校正，最终用于构建发育树的目的菌株 ITS、β-tubulin、TEF、28S rDNA 序列分别为 464 个、1323 个、614 个、870 个碱基对。基于不同序列构建的单基因系统发育树存在一定的差异。在 ITS 基因序列树中，CPE5、CPE12 与 *Fusarium solani* JF740882 和 *F. solani* JF740931 菌株聚类为一支。在 β-tubulin 基因序列树中，CPE5、CPE12 与 *F. solani* KU983876、*F. solani* KF255996 聚类成一个分支；TEF 序列系统发育树显示 CPE5、CPE12 与 *F. solani* JF740846、*F. solani* DQ247538 菌株聚类为一支；在 28S rDNA 基因序列系统发育树中，CPE5、CPE12 与 *F. solani* MH875874 菌株虽然聚类在同一分支，不过只有 91% 的节点支持率。通过将 ITS 与 TEF 基因序列拼接，构建双基因加合树。聚类结果显示，CPE5、CPE2 与 *F. solani* NRRL52778 以及 NRRL25083 菌株聚类成一个分支，且其节点支持率为 100%。总而言之，ITS、β-tubulin、TEF、28S rDNA 这 4 个单基因系统发育树以及 ITS 和 TEF 的双基因加合树均揭示 CPE5 和 CPE12 属于 *Fusarium solani*（腐皮镰孢）（表 5）。

表 4　所用引物及其序列

基因名称	引物	引物序列（5'-3'）
ITS	ITS1(F)	TCCGTAGGTGAACCTGCGG
	ITS4(R)	TCCTCCGCTTATTGATATGC
β-tubulin	T1(F)	AACATGCGTGAGATTGTAAGT
	T22(R)	TCTGGATGTTGTTGGGAATCC

续表

基因名称	引物	引物序列（5'-3'）
TEF	EF1H(F)	ATGGGTAAGGAAGACAAGAC
	EF2T(R)	GGAAGTACCAGTGATCATGTT
28S rDNA	LROR(F)	ACCCGCTGAACTTAAGC
	LR5(R)	TCCTGAGGGAAACTTCG

表5 用于构建发育树的菌株相关信息

种名	菌株	寄主	Genbank 登录号	
			ITS	*TEF*
Fusarium biseptatum	CBS 110311*	—	EU926252	EU926319
F. chlamydosporum	F-2	香蕉	KY211035	KY211036
F. commune	NRRL 22903	番茄	U34567	HM057341
F. concolor	NRRL 13459*	—	U34580	MH742681
F. inflexum	NRRL 20433*	香蕉	U34577	AF008479
F. napiforme	NRRL 13604*	—	U34570	AF160266
F. nygamai	NRRL 13448*	—	U34568	MN101579
F. commune	9302G	针叶树	DQ016197	DQ016252
F. domesticum	CBS 116517	—	JQ434584	EU926286
F. equiseti	HYC 1410080201	花椰菜	KX583609	KX583610
F. fujikuroi	RUFFWY 137b6	波叶大黄	KR047049	KR108740
F. incarnatm	A50	人	KY776645	MF034505
F. incarnatm	YN-SD-3	马铃薯	KT224022	KT224222
F. lunatum	CBS 632.76	—	JQ434583	EU926291
F. mexicanum	NRRL 53147	新热带区的树	MG838062	MG838032
F. nelsonii	NRRL 13338	人	GQ505434	GQ505402
F. penzigii	CBS 116508	—	EU926256	EU926323.
F. phyllophilum	NRRL 13617	—	U34574	AF160274
F. proliferatum	CBS 131574	小麦	JX162373	JX118983
F. proliferatum	NRRL 31071	小麦	AF291061	AF291058
F. pseudocircinatum	NRRL 53570	大叶桃花心木	MG838049	GU737398
F. pseudocircinatum	NRRL 31631	大叶桃花心木	MG838047	MG838026

续表

种名	菌株	寄主	Genbank 登录号	
			ITS	*TEF*
F. sacchari	CBS 135144	—	KR071642	KR071750
F. sacchari	A98	人	KX496039	KY178317
F. solani	NRRL 52778	—	JF740931	JF740846
F. solani	NRRL 25083	—	JF740882	DQ247538
F. subglutinans	CICC 2502	诺丽籽	KJ624981	KJ624982
F. subglutinans	CBS 136481	—	KR071625	KR071770
F. thapsinum	FT-1	番茄根	KM589050	KM589048
F. thapsinum	118	高粱	KU856647	KU856657
F. udum	NRRL 22949	—	U34575	AF160275

注："—"表示寄主不明确。

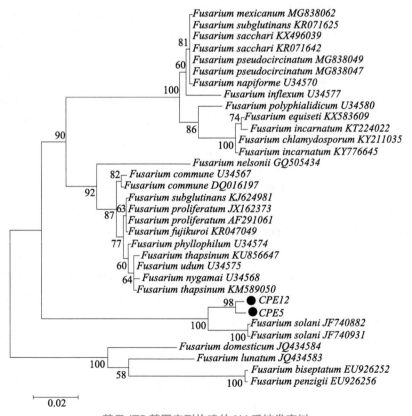

基于 *ITS* 基因序列构建的 NJ 系统发育树

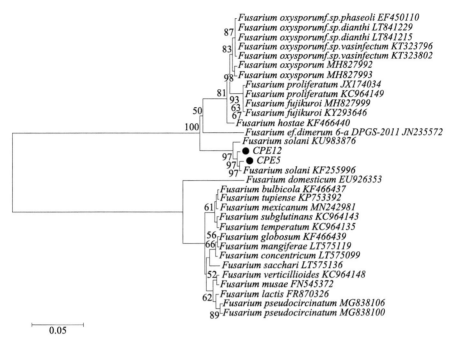

基于 *β*-tubulin 基因构建的 NJ 系统发育树

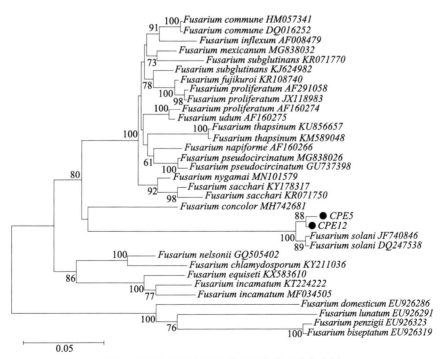

基于 *TEF* 基因构建的咖啡黑果病菌系统发育树

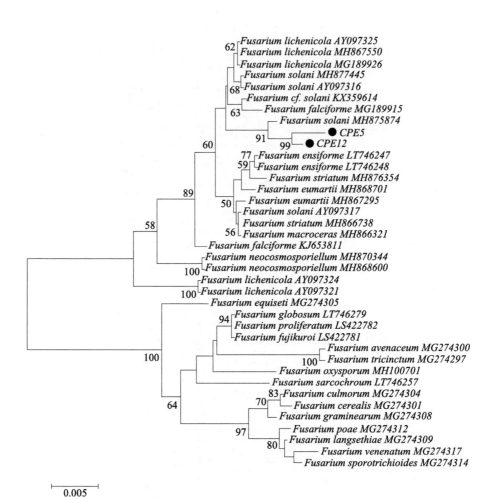

基于 *28s* rDNA 基因构建的咖啡黑果病菌系统发育树

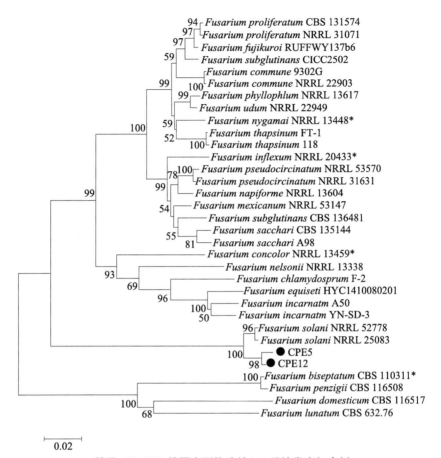

基于 *ITS-TEF* 基因序列构建的 NJ 系统发育加合树

四、病原菌生物学特性

1. 营养因子对咖啡腐皮镰孢菌生长的影响

根据 6 种不同培养基生长试验表明，咖啡腐皮镰孢菌最适宜生长的培养基是 PDA 和玉米粉琼脂培养基，其菌落平均直径分别为 76.17 毫米和 71.58 毫米；牛肉膏蛋白胨培养基、燕麦粉琼脂培养基的效果次之，菌落平均直径分别为 66.50 毫米和 64.17 毫米；其余培养基生长效果则较差。在 7 种不同碳源培养基中，以甘露醇的利用率最高，培养 7 天后病原菌菌落平均直径为 79.17 毫米，显著高于其他碳源培养基；其次为果糖，菌落平均直径为 74.83 毫米；蔗糖和乳糖的碳源利用率最差，无显著差异，平均菌落直径分别为 52.50 毫米和 51.33 毫米。在供试的 8 种不同含氮培养基上，利用率较高的是牛肉浸膏、甘氨酸、尿素，菌落平均直径依次为 77.00 毫米、79.17 毫米、76.5 毫米，三者之间无显著差异；其次为半胱氨酸和氯化铵，平均菌落直径分别为 64.00 毫米和 65.17 毫米；利用率最低的为含硝酸铵的培养基，菌丝极稀薄，不易用肉眼观察（朱孟烽等，2021）。

2. 非营养因子对咖啡腐皮镰孢菌生长的影响

病原菌可在 13～30℃的环境下生长，在 4℃以及 37℃的环境下，病原菌不能生长；适宜生长温度为 25～30℃，最适生长温度为 28℃，菌落平均直径显著大于其他处理；温度小于 25℃的条件下病原菌的生长受到抑制。菌株在中性及偏碱性的环境下生长明显快于偏酸性环境，当 pH 值<3 时菌株的生长受到抑制。完全光照有利于病原菌生长，其次为 12 小时光暗交替，在完全黑暗条件下不利于菌株的生长。菌饼 70℃水浴 10 分钟后，在 28℃环境下依旧能正常生长，但在 75℃水浴后菌落不生长。所以 CPE5 菌株的致死温度和时间为 75℃和 10 分钟（朱孟烽等，2021）。

五、防治方法

室内毒力测定结果显示，咪鲜胺锰盐和戊唑醇 2 种药剂的 EC_{50} 值分别为 1.8352 微克／毫升和 1.4826 微克／毫升，对 CPE5 菌株菌丝体生长具有十分显著的抑制效果。而氟菌戊唑醇、嘧菌酯、百菌清 3 种药剂对病原菌的抑制效果次之，EC_{50} 值分别为 4.7226 微克／毫升、2.8080 微克／毫升、2.7433 微克／毫升；此外，丙环唑、氟环唑也有较强的抑制效果，EC_{50} 分别为 9.0377 微克／毫升、6.9998 微克／毫升。其中，啶氧菌酯与春雷霉素对该病原菌的抑制效果最差，EC_{50} 值分别为 7405.9907 微克／毫升、9522.0294 微克／毫升，基本无抑制效果。不同的杀菌剂对腐皮镰孢菌的抑制效果存在差异（表6）（朱孟烽等，2021）。

表6　12种杀菌剂对腐皮镰孢菌 CPE5 的毒力

杀菌剂	回归方程	相关系数 r	斜率值 a	半致死浓度 EC_{50}（微克／毫升）
咪鲜胺锰盐	$y=0.625x+4.8352$	0.983311[**]	0.6250	1.8352
苯甲嘧菌酯	$y=0.3916x+4.1408$	0.946678[*]	0.3916	156.3420
苯醚甲环唑	$y=0.6323x+3.8284$	0.991010[**]	0.6323	71.2718
氟菌戊唑醇	$y=0.7053x+4.5245$	0.989394[**]	0.7053	4.7226
丙环唑	$y=0.685x+4.3451$	0.996795[**]	0.6850	9.0377
戊唑醇	$y=0.5935x+4.8985$	0.998596[**]	0.5935	1.4826
嘧菌酯	$y=2.1104x+4.0537$	0.952260[*]	2.1104	2.8080
吡唑醚菌酯	$y=0.2601x+4.4372$	0.994535[**]	0.2601	145.8086
百菌清	$y=0.2754x+4.8793$	0.988231[**]	0.2574	2.7433
氟环唑	$y=0.4041x+4.6585$	0.997547[**]	0.4041	6.9998
啶氧菌酯	$y=0.2423x+4.0624$	0.899667[*]	0.2423	7405.9907
春雷霉素	$y=0.3479x+3.6158$	0.904489[*]	0.3479	9522.0294

注：[*] 表示差异显著（$P<0.05$），[**] 表示差异极显著（$P<0.01$）。

咖啡砖红镰刀叶枯病

咖啡砖红镰刀叶枯病是近年在海南中粒种咖啡上新发生的一种病害（王倩等，2022）。

一、症　状

大田观察该病害主要侵染老叶的叶尖、叶缘。发病叶片叶尖干枯皱缩，失去水分的叶片变得易碎，后期呈红棕色，干枯部位有轮纹状病斑出现，病健交界处偶有淡黄色晕圈。

砖红镰刀叶枯病田间症状

二、病　原

王倩等研究结果表明，病原菌为砖红镰刀菌（*Fusarium lateritium*），在PDA培养基上菌落呈圆形，菌丝为白色毛毡状，菌落中央有玫瑰色色素产生，外部菌丝呈白色，菌落背面中心近橘红色，靠近中心的菌丝白色，较密集，外圈主要为气生菌丝，比较稀疏。菌丝体细长，表面不光滑，部分菌丝为有隔菌丝。显微镜下观察其小型分生孢子卵形或椭圆形，有0～1个分隔，但小型分生孢子较少；主要为大型分生孢子，大型分生孢子两端呈喙状且稍弯曲，形状似镰刀。显微镜放大40倍观察其大小为（56.26～175.76）微米×（12.93～19.78）微米，3～7个分隔（王倩等，2022）。

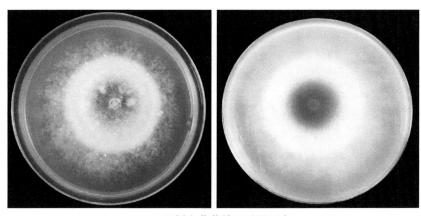

PDA平板上菌落的正反面形态

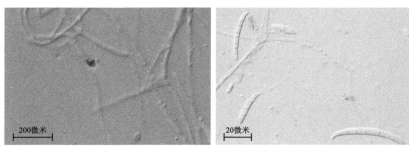

菌丝体形态　　　　　　　　　大型和小型分生孢子

三、病原菌分子特征

通过使用 *ITS*、*β-tubulin*、*TEF* 基因通用引物 ITS1/ITS4、Bt2a/Bt2b、EF1-728F/EF1-986R 对该病原菌 DNA 分别进行 PCR 扩增，扩增片段大小依次为557个碱基对、340个碱基对、317个碱基对。经 Blast 搜索表明，其

ITS、*β-tubulin*、*TEF* 基因序列与 *Fusarium lateritium* 的同源性分别达到 99.56%
（MN686293）、100%（KJ00154）、99.68%（KF918550）。

根据系统发育单基因树揭示，*ITS* 基因树中，病原菌与 *F. lateritium*
DQ655721 序列聚类为同一支，其节点支持率为 99%；β-tubulin 基因树中，与
F.lateritium KJ001543 序列和 *F. lateritium* KJ001544 序列聚类为同一支，节点
支持率为 99%；*TEF* 基因树中，病原菌与 *F. lateritium* KF918549 序列聚类为
同一支，且节点支持率为 99%。

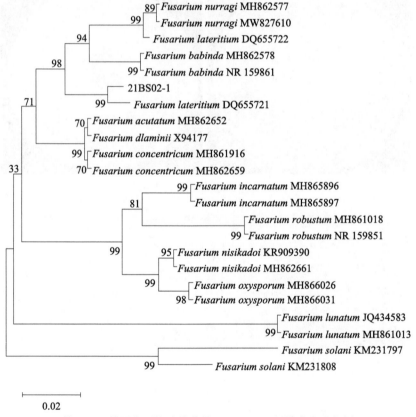

基于 *ITS* 基因序列构建的菌株 21BS02-1 系统发育进化树

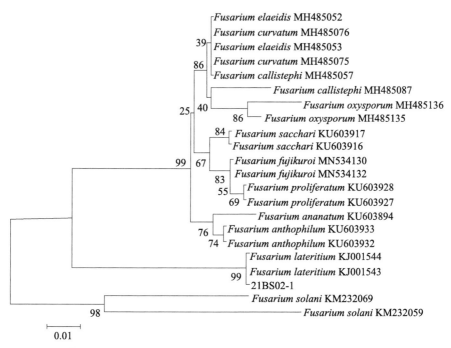

基于 *β-tubulin* 基因序列构建的菌株 21BS02-1 系统发育进化树

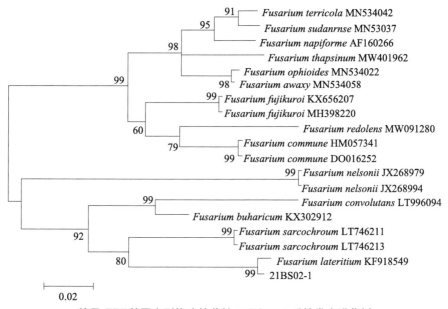

基于 *TEF* 基因序列构建的菌株 21BS02-1 系统发育进化树

四、病原菌生物学特性

1. 菌株 21BS02-1 生长所需较佳营养条件

不同碳源培养比较试验表明，蔗糖的利用率最高，菌落平均直径为 65.08 毫米，且其产孢量最高，达到 17×10^5 个 / 毫升；其次为麦芽糖培养基，其菌落平均直径为 61.42 毫米。果糖、葡萄糖和可溶性淀粉的产孢量无显著差异。其他碳源利用率相对较差，最不适合致病菌生长的碳源分别为可溶性淀粉和果糖，其菌落平均直径为 53.50 毫米和 53.00 毫米，乳糖和可溶性淀粉培养基的菌丝较稀疏，其中，乳糖培养基产孢量最低，仅有 3.8×10^5 个 / 毫升（王倩等，2022）。

而在氮源方面，效果最好的是牛肉浸膏，其菌落平均直径为 73.58 毫米，显著高于其他氮源的培养基，产孢量也最高，为 5.5×10^5 个 / 毫升，但菌丝最稀薄；硝酸钠效果次之，其菌落平均直径为 60.42 毫米；效果最差的是以硫酸铵和半胱氨酸为氮源的培养基，其菌落平均直径为 31.58 毫米、32.67 毫米。甘氨酸和硝酸铵为氮源的平板上产孢量最低，分别为 0.25×10^5 个 / 毫升和 0.125×10^5 个 / 毫升（王倩等，2022）。

2. 菌株 21BS02-1 生长所需较佳非营养条件

在不同光照条件下，菌丝体的生长也存在差异，12 小时光暗交替的条件下，菌丝生长最快，其菌落平均直径为 67.33 毫米；全光照条件更有利于菌株产孢，且显著高于其他两种处理，其产孢量为 11.5×10^5 个 / 毫升；在光暗交替条件下，虽然菌丝生长最快，但产孢量显著低于全光照条件。

不同 pH 值对菌丝体生长有一定的影响。pH 值为 8 时，菌丝生长情况最好，其菌落平均直径为 67.75 毫米；pH 值为 7、9、10 的条件下，菌丝体生长情况无显著差异，菌落平均直径分别为 66.25 毫米、66.58 毫米、64.75 毫米。pH 值低于 5 以及高于 11 都对菌丝体生长有抑制作用，强酸性条件对菌丝生长抑制效果更加明显。当 pH 值不低于 8 时，产孢量逐渐增加，且 pH 值为 11 和

12 时的产孢量最高，其产孢量为 7.5×10^5 个 / 毫升，相比较而言，碱性条件更适合菌株产孢；酸性条件对产孢有明显抑制作用，酸性越强，产孢量越低。

五、防治方法

室内抑菌试验结果显示，咪鲜胺、甲基托布津和戊唑醇对该病原菌的抑制效果较佳。

咖啡环斑病毒病

咖啡环斑病毒（Coffee ringspot virus, CoRSV），隶属于弹状病毒科，于1938 年在巴西被首次报道。可通过机械和介体传播。被带毒的螨类侵染 40 天后在叶子上表现褪绿斑点。自然寄主为小粒种咖啡、苋色藜（*Chenopodium amaranticolor*）、藜诺藜（*C. quinoa*）。受害咖啡叶片上有淡黄色的圆形褪绿病斑，后期病斑逐渐扩大，浆果整个果面褪色，呈现出淡黄色，受害浆果易受真菌侵染，使得未成熟浆果脱落，且受害浆果咖啡品质明显下降（Chagas et al.，2023；Ramalho et al.，2016；Goodinid & Dos Reis Figueira，2019）。

一、症　状

咖啡环斑病主要为害咖啡叶片和浆果，表现出明显的局部环斑症状，而在嫩枝上不太常见。在叶片上，发病初期是褪绿色的小斑点，并逐渐扩大，通常变为环状，呈褐色，有时中心坏死。发病后期，病斑可能沿着次脉的中脉继续扩展，

早期叶片形成环形淡黄色褪绿病斑

随着树龄的增长，病斑逐渐变淡黄色。在衰老的叶片上，环斑区域可能保持绿色或褐色，周围有黄色晕圈。在青果的果皮上，有白色的圆形斑点，当果实成熟时会变成环状斑点。成熟浆果上的环斑可能会变色，并且经常凹陷。严重受害时，咖啡植株的叶片和果实会掉落（Chagas et al.，2023）。

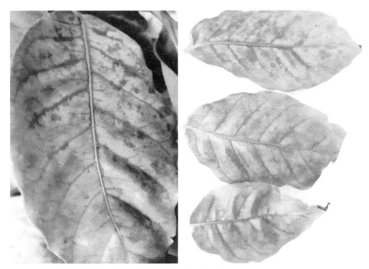

淡黄色褪绿病斑

二、病　原

基于机械摩擦和紫红短须螨（*Brevipalpus phoenici*）传毒实验，以及对感染病毒的寄主植物的形态学和细胞病理学研究，经鉴定该病害是由咖啡环斑病毒（Coffee ringspot virus, CoRSV）引起的。CoRSV 隶属于弹状病毒科，病毒粒子较短，呈杆菌状，大小为（35～40）纳米×（100～110）纳米。通过透射电镜（TEM）观察感染叶片的薄片，发现这些病毒颗粒仅存在于病变区域内，分散在核质或细胞质中。这些病毒颗粒往往与核膜或内质网膜有关，它们呈垂直排列。另一个显著的特征是在许多细胞核中存在透明包裹体，称为病毒原质，其中棒状颗粒散布。偶尔，在内质网内可以看到膜结合的颗粒，通常大小为（60～80）纳米×（180～220）纳米（Chagas et al., 2023）。

三、传　播

咖啡环斑病是由假蜘蛛紫红短须螨传播的（蜱螨亚纲细须螨科）。在实验条件下，成年雌螨可通过感染叶片传播，传播率约为24%。CoRSV 不会经紫红短须螨的子代传播，紫红短须螨还能传播柑橘麻风病病毒（CiLV）。在巴西圣保罗州东南部有一种病因不明的柑橘病被称为柑橘带状褪绿，认为是由紫红短须螨取食或病毒引起。Chagas 等（1982）曾尝试将带 CoRSV 的咖啡传毒到柑橘，或从柑橘带状褪绿传毒到咖啡，但检测结果均为阴性。咖啡植株上的紫红短须螨也不能通过柑橘麻风病传播 CiLV。这些数据表明，病毒、寄主植物和螨虫种群之间存在某种特异性。机械接种出现环斑的咖啡，也能使普通甜菜、苋色藜和昆诺藜的局部发生病变。到目前为止，除了咖啡，还没有已知 CoRSV 的自然宿主（Chagas et al., 2023）。

四、分　布

紫红短须螨在巴西的圣保罗州、巴拉那州和米纳斯吉拉斯州的咖啡种植园已有发现，但尚未报道其对咖啡造成损害。咖啡苗被带病毒或无毒的螨虫取食，通常在叶片下表面聚集的螨虫较多。这些被取食的叶片经常枯萎并过早脱落。

在圣保罗州首次报告后，巴西其他州的咖啡种植园也发现了咖啡环斑病。在米纳斯吉拉斯州的两个地区，严重感染的咖啡树上发现了与该病有关的紫红短须螨。在哥斯达黎加的调查显示，咖啡环斑病的发生与病毒和紫红短须螨有关（Rodrigues et al., 2002）。菲律宾已有对咖啡环斑病的相关研究，但无法确与 CoRSV 有关。

五、防治方法

咖啡环斑病自 1938 年第一次报道以来，普遍认为该病害造成的农业损失较小。然而，近年来有关咖啡环斑病的报道，特别是在巴西米纳斯吉拉斯州的两个地区，导致了严重的落叶和落果，使得咖啡减产。目前关于 CoRSV 流行病学了解甚少，包括紫色短须螨的生物学和物候学，病毒和载体的可能替代宿主，以及可能的遗传抗性来源的信息。尽管使用杀螨剂可以提供临时控制，但也缺乏有效的控制措施，同时，杀螨剂的使用成本非常高，如果药剂使用不当，紫色短须螨种群对杀螨剂会有潜在的耐药性，可能会成为额外的问题。此外，有研究报道可采用捕食螨防控紫色短须螨。

CoRSV 可经咖啡繁殖材料远距离传播，并可能由线虫传毒，目前国内尚未发生。进口咖啡树繁殖材料须经国家有关检疫机构特许审批，并要求附有出口国的检疫证书，保证不带有此类病毒。入境后，须在指定的隔离检疫站进行 1 年以上生育期检验，确认不带毒后，才允许用于种植。

咖啡浆果病

由刺盘孢属咖啡浆果炭疽病菌（*Colletotrichum kahawae*）引起的咖啡浆果病（Coffee berry disease，CBD）在非洲咖啡园十分普遍，在合适的气候条件下，该病可造成大量的咖啡产量损失，损失高达 90%（Vieira et al.，2018；Motisi et al.，2019；Adem et al.，2020）。

一、分　布

该病对咖啡造成的损失巨大，在东非地区，严重时可造成全部咖啡果实绝收。目前在非洲种植小粒种咖啡的国家，如坦桑尼亚、埃塞俄比亚、乌干达、卢旺达、扎伊尔、科特迪瓦、喀麦隆、安哥拉及中非均有该病发生，在巴西亦有该病为害咖啡果实的记载。该病目前没有在我国发现，是一种我国植物病原菌真菌检疫性对象（中华人民共和国进境植物检疫性有害生物名录，2021 年 4 月 9 日更新）。

二、症　状

咖啡浆果病症状可出现在叶片、枝条和果实等不同部位，为炭疽病斑或枝条的回枯症状。花芽和花特别易于感病。最初常呈暗褐色斑块或在白色花瓣上呈条纹状。病斑迅速增大，并于数小时内完全毁坏花朵。在浆果上，特别是扩展的浆果侧面，最初是小的暗褐色斑点，然后这些病斑逐渐扩大，变成稍微下陷的斑块，最终覆盖整个果实，引起落果（浆果发展早期阶段），或呈淡黑色僵果留在树上（硬浆果阶段）。

在下陷病斑中心，发展成稍微突出的黑点，为该菌的分生孢子盘。在潮湿条件下，它们发展成粉红色的分生孢子团。如果气候干燥，病斑就停止发展，它们常从黑褐色转变成淡灰色，表面散生着黑色分生孢子盘，McDonald 把这种呈淡棕褐色类型的病斑叫作"疮痂型"病斑。当重新出现潮湿时，疮痂型病斑可以变成呈黑褐色的活动病斑。

三、病　原

病原为卡哈瓦刺盘孢（*Colletorichum kahawae* Waller & Bridge），同物异名 *Colletorichum coffeanum* Noack virulans Rayner。为害小粒种咖啡的刺盘孢属（*Colletorichum*）病菌有好几种，但仅有 *C. coffeanum* 侵染绿色浆果导致浆果病。

根据前人研究表明，在咖啡树皮上 *Colletotrichum* 混和菌中，致病菌系 *C. coffeanum* 仅占很小比例，其每小时每平方厘米的孢子形成总量不超过 20 个。在绿色浆果的病斑上，*C. coffeanum* 每小时每平方厘米的孢子形成总量为 9.4×10^3 个。在干黑色的 CBD 侵染果上为 6.8×10^3 个。在成熟果的活动斑上为 1.88×10^3 个。即使在枝条上产孢能力最高时，一个被侵染的浆果产生的孢子，相当于整个枝条着生的 CBD 孢子的 50 多倍。所以在收获咖啡时，如不注意收获方法，留下的带病果实将成为咖啡浆果病的主要侵染源。

四、病害循环

分生孢子在露水或 100% 相对湿度的情况下开始萌发。萌发时，分生孢子中间形成分隔。每个孢子形成 1 个，有时 2 个萌芽管。在缺乏营养情况下，芽管长而细，但营养丰富时芽管短，或有时几乎没有。萌芽管顶端发育成暗色的厚壁的附着胞，偶尔直接产生小的分生孢子。孢子的萌芽率不仅取决于基质，而且取决于形成分生孢子时的条件。从纯培养获得的分生孢子的萌芽率，比浆果上病菌的分生孢子萌芽率要低。在幼果上，分生孢子的萌芽率较高，但当咖啡果实增大变厚时，孢子萌芽率则降低。果实成熟时，萌芽率再次增高，并且比绿色果实上的萌芽率更高。在花瓣上萌芽率非常高是由于表皮薄，能迅速将营养物分散到侵染点所致。

分生孢子最适合的萌发温度为22℃，超过或低于此温度，其萌芽率则随之减少。附着胞粘附在植物表面上，形成细长的侵染钉，并从植物表皮侵入。病原菌侵染组织后，在细胞间生长、分枝、形成菌丝网，不久植物受害表面产生下陷的暗色病斑，其上着生黑色的分生孢子盘及大量粉红色的分生孢子堆，从病原菌侵染到出现病斑约需8天，个别为4天，有些则1个月后才能见到。

五、防治方法

1. 检疫措施

严格遵守检疫规定，严禁从疫区调运种子、种苗，从源头上控制该病害的入侵与传播。

2. 化学防治

1965年在东非开始连续数年的田间研究表明，铜杀菌剂及有机汞杀菌剂对咖啡浆果病的防治均有良好效果。虽然有机汞杀菌剂的防效高于铜杀菌剂，但该种药剂能使植株产生局部缺锌现象。Vermeulen（1968）则利用43种杀菌剂进行了室内筛选及田间防治试验，结果表明，敌菌丹具有与铜杀菌剂同样的效果。

咖啡褐根病

　　咖啡褐根病又名咖啡根腐病。此病分布广但发病率不高，会为害咖啡的根部。在病根上，呈黑褐色，有铁锈色绒毛状的菌丝，病根木材干腐质硬而脆，面部有蜂窝状褐纹，皮木间有白色或黄色绒毛状菌丝体，根颈处有时烂成空洞，高温多雨季节还会长出菌膜和子实体。影响地上部生长，叶片由有光泽的油绿色逐渐变成黯淡的黄绿。发病严重时，植株生势显著衰退，叶片逐渐凋萎，下垂变褐色，最后全株死亡。

一、分　布

　　在我国云南、海南等咖啡种植区均有分布。

二、症　状

　　褐根病主要侵染寄主树的根部，特别是主根。在发病初期，病根表面出现一层菌膜，质脆，呈黄褐色。随着病害的发展，颜色逐渐加深，最后转呈近黑色。在菌膜外面粘附有一厚层泥土和石砾，使病根表面粗糙和不平整。洗去病根表面粘附的泥土、石砾，就能见到褐色或黑色菌膜。有时在病根表面也能见到局部完全未粘有泥土的菌膜，在粘附有泥土的病根表面有时还能见到黄褐色绒状菌丝体。

　　病根木质部最初呈淡褐色，后来出现粗细不一的褐色线纹，线纹也是由菌丝集结构成的。在褐色线纹间，有时夹有少量黑色线纹。到腐朽后期，木质部转呈污白色，组织崩解，质硬而脆，呈蜂窝状腐朽，蜂窝状结构中，充塞有褐色菌丝。用力挤压腐朽部分，易裂成不规则形碎片。木质部腐朽常从根部扩展到树干基部，在干基部分形成树洞。在病死树的主干基部，有时可以见到褐根病菌的子实体。

在病根上病健交界处，常见有一道深褐色环带，褐色环带两端颜色往往较深，特别是在健康部分的一端常具有一条颜色较深的狭带。

在褐根病发展后期，病株地上部分表现症状，树冠逐渐稀疏，枯枝多，叶片较小，淡黄色。枝梢不抽顶芽，有时抽发很多不定芽，分枝密集，细弱，叶缝节距短，呈伞状。病株根颈部分凹陷，但无明显条沟。有时根颈处局部腐烂，呈深褐色或黑色斑块，出现树洞。

三、病　原

咖啡褐根病是由尖孢镰孢（*Fausarium oxyspornm*）所引起。在 PDA 培养基上初生白色圆形绒毛状菌落，大型分生孢子，无色，具分隔 1～5 个，3 个隔者居多，脚胞明显，两端尖，大小（27～50）微米×（3.1～5）微米，多着生在多分枝孢子梗上；小型分生孢子呈头状聚集在瓶状小梗顶端，椭圆形，多单胞，偶具分隔 1～2 个，大小（5～12）微米×（2～3.5）微米。此外，厚垣孢子产生在菌丝的细胞间或顶端，浅黄褐色，球形或近球形。

四、发生规律

褐根病主要依靠根部接触而传播。病原菌利用根状菌索从病根延伸到健康树根上，首先在根部表面形成菌膜，逐渐扩展蔓延，但扩展距离不远（0.3～0.6 米），就伸出菌丝侵入根部组织。侵入病根组织内的菌丝常在皮层与木质部间形成一层白色或黄色的绒状菌丝体。病根越粗，表面的菌膜往往越厚。在病根皮层中，常能见到白色或黄色松散的菌丝体，有时菌丝集结成绒线状的褐色菌索。

每年的6—8月，褐根病的扩展蔓延速度最快。在土壤温度为25～30℃、土壤含水量为10%～15%的情况下，褐根病的蔓延速度最快可达每月50厘米，在适宜环境条件下，幼树从感染褐根病至枯萎死亡一般只需1年左右。以往研究资料认为，褐根病多发生在灰棕色森林土壤区，土壤质地也较为疏松。

五、防治方法

（1）选择健壮无病的幼苗种植，剔除病株。

（2）轻病株可剪除病根，伤口涂上浓缩酸铜混合剂或涂上柏油，后培土使其恢复生长。

（3）避免用易受褐根病侵染的树种做荫蔽树，如采用油桐或台湾相思作荫蔽树。

（4）对土壤处理，可使用威百亩、氰氨化钙等土壤消毒剂进行土壤消毒，防治镰刀菌。

（5）已经染病的植株，可选用甲霜·噁霉灵、咯菌腈、络氨铜、咪鲜胺、甲基立枯磷、五氯硝基苯、乙蒜素、氯溴异氰尿酸、寡雄腐霉菌、枯草芽孢杆菌等灌根防治。

咖啡线虫病

线虫在土壤中非常丰富，许多是地下植物组织的病原体。它们的致病性会影响植物的许多生理过程，并与土壤微生物群产生协同作用，造成植株的根部坏死，从而导致植株的产量降低。据报道，侵害咖啡的线虫在全世界约有100多种，在众多线虫物种中，比较普遍的为根结线虫属（*Meloidogyne* spp.）和短体线虫属（*Pratylenchus* spp.）即根腐线虫等（Souza，2008；Bell et al.，2018），因线虫有隐蔽性和主动侵袭性的特点，不易被人们发现重视，很容易直接对咖啡的产量和质量造成影响。据研究表明，在没有采取其他控制措施的情况下，可以造成70%以上的植株死亡（Chapman，2014）。

一、分　布

主要在巴西、危地马拉、萨尔瓦多、哥伦比亚、越南、印度尼西亚、印度、美国、中国等地区有分布（Villain et al.，2013；Bell et al.，2018；Duong et al.，2021；侯兴等，2016）。

二、症　状

多种线虫会破坏树根以吸取树液，线虫会在根部结成块，导致植物无法正常吸收水分与养分。线虫侵染咖啡树会导致根部生长受阻、营养不良及咖啡树落叶，进而导致低产以及咖啡豆品质差。

（1）根结线虫属（*Meloidogyne* spp.）侵染幼苗后，植株的茎生长受阻，叶片褪色，成熟的叶片过早脱落，主根不长而形成众多的分枝状小根，咖啡树生长不茂盛，严重时植株枯死。

（2）短体线虫属（*Pratylenchus* spp.）会吸食和破坏植物主根、次生根和营养根的皮层薄壁组织，致使主根和次生根外皮脱落，并使营养根死亡，从而削弱植物吸收水分和养分的能力，导致受害树的茎干纤弱细小，老叶变黄脱落、主干顶端仅留有少量细小、褪绿和皱缩的叶片，树干过早衰老，容易倒伏。

（3）半轮线虫属（*Hemicriconemoides*）为害时，会产生皱叶病。其特征：节间短，皱缩叶片增多，营养根减少，主干松动。5月雨季后，这种症状最为明显。新抽枝条的节间短，从这些枝条抽生的分枝成束状，即丛枝状。叶子畸形、变小、皱缩、缺绿、革质。

（4）剑线虫属（*Xiphinemaamericanum*）会破坏吸收根的生长，使小根变成棕褐色，严重时，植株小根完全干涸。且取食过程中刺穿和破坏根细胞，所留下的痕迹易使真菌和细菌进入为害。在严重侵染的苗圃，根全部被线虫破坏，叶子褪绿和坏死。在干旱季节，叶簇完全凋萎，严重地区全部落叶。

（5）冢线虫（*Rodopholus similis*）会进入根的韧皮部取食，造成坏死或孔洞，受害的树木生长矮小并提早开花、结实。

三、病　原

（1）根结线虫属（*Meloidogyne* spp.）。Jobert在1878年首次报道它侵染咖啡根。成熟的雌根结线虫通常突破根表从根内伸出，并在根表形成一个淡黄白色或浅棕色的小球状体。卵期对不利的环境条件抵抗性强，未孵化前在土壤中自由移动，2龄幼虫进入寄主取食迅速生长。

（2）短体线虫属（*Pratylenchus* spp.）所有幼体和成体的都是可迁徙性的，可以自由进出根部，雌性会在根内或邻近土壤中产卵，它们在细胞内迁移过程中以植物细胞质为食，导致根组织的破坏和其他病原体的继发感染，主要侵染根毛区延长部稍后的地方。

（3）半轮线虫属（*Hemicriconemoides*）多为根外寄生虫，除了寄生植物外，还可造成伤口，利于病原真菌和细菌的复合侵染。

（4）剑线虫属（*Xiphinemaamericanum*）剑线虫是植物根系的外寄生物，它们以口针刺入根的皮层薄壁组织，甚至深达维管束组织（幼、细根）取食。同时剑线虫是植物病毒的潜在传播介体，迄今已有10种剑线虫被证实可分别自然传播7种多面体植物病毒。

（5）冢线虫（*Rodopholus similis*）又称掘穴线虫，在寄主根上属半内寄生，能进入根并在皮层内取食，引起大量痕洞，致使根分解，是热带地区危害最大的一种线虫。

（6）其他线虫，如小环线虫（*Criconemella* spp.）、拟毛刺线虫属（*Paratrichodorus*）、螺旋线虫属（*Helicotylenchus*），垫刃线虫属（*Tylenchus*）、滑刃线虫属（*Aphelenchoides*）、盾属（*Scutellonema*）、肾形线虫（*Rotylenchulus reniformis*），半轮线虫属（*Hemicriconemoides*）等都可为害咖啡。

四、发生规律

线虫的寄主广泛，许多的遮阴树和杂草，以及和咖啡一起种植的槟榔、可可等作物，都易受到侵染。线虫的传播主要通过流水、病根等移动性传播，也可通过鸡粪、农事操作、人员走动、各种农具等携带性传播。在亚热带地区，气候温暖、土壤相对湿度较低、土质疏松的地方对线虫的生长繁衍最为适宜，因此线虫病害极容易暴发，且咖啡为多年生乔木，其生长过程中可能遭到线虫的连续侵染，若不及时防治，将导致受害加重，造成咖啡产量和质量严重下降。

根结线虫主要以卵在植株根部的病残体或土壤中越冬，在无寄主的环境条件下，可在土壤中存活3年以上。当植物定植后，温度超过10℃时，卵孵化为幼虫，幼虫通过根部伤口或根尖幼嫩部位进入根内，从根系中吸取营养液并分泌大量激素类物质，刺激根部局部膨大，形成根瘤，雌雄成虫交配产卵，卵在适宜的环境条件下，一般只需要几小时，就可孵化为幼虫，幼虫2龄以后十分活跃，危害也逐渐加重。

短体线虫多分布在 0～20 厘米土壤内，常以卵或 2 龄幼虫随植株残体遗留在土壤中或粪肥中越冬或在翌年环境适宜时以 2 龄幼虫从嫩根侵入，繁殖为害。其一年发生多代，在土温 25～30℃，土壤湿度 40%～70% 条件下线虫繁殖很快，易在土壤中大量积累，10℃以下停止活动，55℃时 10 分钟死亡。在无寄主条件下可存活 1 年。

五、防治方法

线虫进入咖啡根以前，土壤是它唯一的活动场所，但这个过程是缓慢的，有些种类一天仅能移动数厘米。线虫的传播主要是通过人的活动、工具和动物取食等进行的。特别在雨季，水从一地流入另一地，不断地传送大量的线虫，因此要加强栽培管理和化学防治措施，不过线虫大都在土壤中生活，不易控制，所以应以预防为主。具体的要求和手段如下。

（1）苗圃不应该选择在线虫侵染的咖啡园附近，苗床的土壤应用杀虫剂，如 DD 混剂（1,3-2 氯代丙烯 60%、1,2- 二氯丙烷 30% 及其他填充料 10%）、二溴乙烷等进行土壤熏蒸，挖沟施药后盖土，1 个月后开沟通气，然后才能播种。

（2）被线虫侵染的咖啡植株应在当地集中烧毁。并挖一条深的排水沟以阻止线虫经过土壤向非侵染地区转移侵染。

（3）增施肥料，有机肥料应堆制后施用。

（4）选用抗病良种。选用抗线虫咖啡材料种植。

（5）咖啡种间嫁接。由于中粒咖啡对线虫抗性较强，所以可在植株幼苗时，切干小粒种咖啡的根颈上端部分，嫁接于切干的中粒种咖啡的根颈下端部分，增强小粒种咖啡对线虫的抗性。

参考文献

白学慧，VMPVÁRZEA，郭铁英，等，2018. 云南咖啡锈菌小种鉴定 [J]. 热带
    作物学报，39(9)：1800-1806.

白学慧，周丽洪，胡永亮，等，2013. 咖啡细菌性叶斑病病原的分离与鉴定 [J].
    热带作物学报，34(4)：738-742.

陈振佳，张开明，1998. 咖啡锈菌生理小种的研究进展及我国咖啡锈菌生理小
    种变化的动态预测 [J]. 热带作物学报，19(1)：87-98.

侯兴，胡先奇，朱辰辰，2016. 云南咖啡主产区寄生线虫种类的初步调查 [C].
    第十三届全国植物线虫学学术研讨会论文集 . 226-226.

黄根深，赖剑雄，1994. 海南省小粒种咖啡炭疽病病种菌型及流行规律研究 [J].
    热带作物研究 (4)：24-32.

李荣福，王海燕，龙亚芹，2015. 中国小粒种咖啡病虫草害 [M]. 北京：中国农
    业出版社，17-20.

刘树芳，金桂梅，杨艳鲜，等，2014. 云南咖啡主要病虫害及防治调查研究 [J].
    热带农业科学，34(5)：4.

龙亚芹，段春芳，刘杰，等，2017. 小粒种咖啡褐斑病病原菌鉴定及田间抗病
    性研究 [J]. 西南林业大学学报（自然科学），37（2）：152-157.

陆英，吴伟怀，黄兴，等，2023. 咖啡叶枯病病原菌的鉴定及生物学特性研究
    [J]. 热带农业工程，47(2)：103-108

舒梅，山云辉，2002. 咖啡黑果病的病因分析及防治 [J]. 云南农业科技 (5)：
    31-32.

王剑文，龙乙明，解继武，1993. 咖啡黑果病病因的初步研究 [J]. 云南热作科
    技 (3)：33-34.

王倩，吴伟怀，贺春萍，等，2022. 中粒种咖啡新发砖红镰刀叶枯病病原菌鉴定及其病原生物学分析 [J]. 热带作物学报，43(11)：2345-2355.

文衍堂，陈振佳，1995. 三种热作细菌性病害的病原菌鉴定 [J]. 热带作物学报，16（2）：93-97.

吴伟怀，Gbokie Jr.Thomas，梁艳琼，等，2020. 咖啡褐斑病菌的分离鉴定及其培养特性测定 [J]. 分子植物育种，18（12）：4014-4020.

郑肖兰，贺春萍，高亚男，等，2015. 咖啡炭疽病菌生物学特性及其毒力测定 [J]. 热带农业科学，35(12)：94-98，102.

钟国强，1999. 咖啡美洲叶斑病 [J]. 植物检疫 (2)：28-31.

钟国强，郑文荣，1999. 咖啡美洲叶斑病研究综述 [J]. 热带作物学报 (2)：75-81.

朱孟烽，吴伟怀，贺春萍，等，2021. 咖啡腐皮镰孢黑果病病原鉴定及其生物学特性测定 [J]. 热带作物学报，42(3)：822-829.

ADEM A, AMIN M, MAMo M, 2020. Assessment of coffee berry disease in west Hararge zone, eastern Ethiopia[J]. International Journal of Food Science and Agriculture, 4(4): 465-469.

ANDRADE CCL, VICENTIN RP, COSTA JR, et al., 2016. Alterations in antioxidant metabolism in coffee leaves infected by *Cercospora coffeicola*[J]. Ciência Rural, 46(10)：1764-1770.

ANDREAZI E, SERA GH, SERA T, et al., 2018. Resistance to bacterial halo blight in arabica coffee lines derivative from the genotype C1195-5-6-2 under natural infection conditions[J]. Crop Breeding and Applied Biotechnology，18：110-115.

ARCINIEGAS-GRIJALBA PA，PATIÑO-PORTELA MC，MOSQUERA-SÁNCHEZ LP，et al.，2019. ZnO-based nanofungicides: Synthesis，characterization and their effect on the coffee fungi *Mycena citricolor* and *Colletotrichum* sp.[J]. Materials Science & Engineering *C*，98：808-825.

AVELINO J, ALLINNE C, CERDA RH, et al., 2018. Multiple-disease system in coffee: From crop loss assessment to susrainable management[J]. Annial Review of Phytopathology, 56(27): 1-25.

AZEVEDO DE PAULA PVA, POZZA EA, SANTOS LA, et al., 2016. Diagrammatic scales for assessing brown eye spot (*Cercospora coffeicola*) in red and yellow coffee cherries[J]. Journal of phytopathology, 164(10): 791-800.

BADEL JL, ZAMBOLIM L, 2019. Coffee bacterial diseases: A plethora of scientific opportunities[J]. Plant Pathology, 68: 411-425.

BELL CA, AYKINSON HJ, ANDRADE AC, et al., 2018. A high-throughput molecular pipeline reveals the diversity in prevalence and abundance of *Pratylenchus* and *Meloidogyne* species in coffee plantations[J]. Phytopathology, 108(5): 641-650.

CHAGAS BM, KITAJIMA EW, RODRIGUES JCV, et al., 2023. Coffee ringspot virus vectored by *Brevipalpus phoenicis* (Acari: Tenuipalpidae) in coffee[J]. Experimental and Applied Acarology, 30: 203-213.

CHAGAS CM, ROSSETTI V, 1982. Novos aspectos sobre a transmissibilidade da leprose doscitros[J]. Fitopatol. Bras. , 7: 536.

CHAPMAN KR, 2014. The world bank collaborative study of coffee rejuvenation strategies in viet nam technical aspects plus appendices[Z]. Requested from the World Bank Supported by FAO Funding, 111.

DA SILVA JAG, DE RESENDE MLV, RIBEIRO IS, et al., 2021. Lima AR, Albuquerque LRM, Monteiro ACA, Pereira MHB, Botelho DMdS. Chemical composition, production of secondary metabolites and antioxidant activity in coffee cultivars susceptible and partially resistant to bacterial halo blight[J]. Plants, 10: 1915.

DUONG B, NGUYEN HX, PHAN HV, et al., 2021. Identification and characterization of Vietnamese coffee bacterial endophytes displaying *in vitro* antifungal and nematicidal activities[J]. Microbiological Research, 242: 126613.

GARCÍA-NEVÁREZ G, HIDALGO-JAMINSON E, 2019. Efficacy of indigenous and commercial *Simplicillium* and *Lecanicillium* strains for controlling *Hemileia vastatrix*[J]. Revista mexicana de Fitopatología, 2019, 37(2): 237-250.

GÓMEZ-DE L C I, PÉREZ-PORTILLA E, ESCAMILLA-PRADO E, et al., 2018. Selection in vitro of mycoparasites with potential for biological control on Coffee Leaf Rust (*Hemileia vastatrix*). Revista Mexicana de Fitopatologí a, 36(1):172-183.

GONG JL, LU Y, WU WH, et al., 2019. First Report of *Phomopsis heveicola* (anamorph of *Diaporthe tulliensis*) causing leaf blight of *Coffee* (*Coffea arabica* L.) in China[J]. Plant Disease, 104(2): 570-571.

GOODINID M, DOS REIS FIGUEIRA A, 2019. Good to the last drop: The emergence of coffee ringspot virus[J]. PLOS Pathogens, 15(1): e1007462.

GRANADOS-MONTERO M, AVELINO J, ARAUZ-CAVALLINI F, et al., 2020. Hojarasca e inóculo sobre epidemia de ojo de gallo[J]. Agronomia Mesoamericana, 31(1): 77-94.

JAMES TY, MARINO JA, PERFECTO I, et al., 2016. Identification of putative coffee rust mycoparasites via single-molecule DNA sequencing of infected pustules[J]. Applied and Environmental Microbiology, 82(2): 631-639.

LU Y, WU WH, HE CP, et al., 2021. Specific PCR-based detection of Phomopsis heveicola the cause of leaf blight of Coffee (*Coffea arabica* L.) in China[J]. Letters in Applied Microbiology, 72(4): 438 -444.

MARTINS RB, MAFFIA LA, MIZUBUTI ESG, 2008. Genetic variability of *Cercospora coffeicola* from organic and conventional coffee plantings, characterized by vegetative compatibility[J]. Phytopathology, 98: 1205-1211.

MCCOOK S, 2006. Global rust belt: *Hemileia vastatrix* and ecological integration of world coffee production since 1850[J]. Journal of Global Hisrory, 1(2): 177-195.

MOTISI N, RIBEYRE F, POGGI S, 2019. Coffee tree architecture and its interactions with microclimates drive the dynamics of coffee berry disease in coffee trees[J]. Scientific Reports, 9: 2544

RAMALHO TO, FIGUEIRA AR, WANG R, et al., 2016. Detection and survey of coffee ringspot virus in Brazil[J]. Arch. Virol., 161: 335-343.

RAO DV, TEWARJ JP, 1987. Production of oxilic acid by *mycena citricolor*, causal agent of the american leaf spot of coffee[J]. Phytopathology, 77: 780-785.

RODRIGUES JCV, RODRIGUEZ CM, Moreira L, et al., 2002. Occurrence of coffee ringspot virus, a Brevipalpus mite-borne virus in coffee in Costa Rica, Central America[J]. Plant Disease, 86(5): 564.

SERA GH, SERA T, FAZUOLI LC, 2017. IPR 102—Dwarf arabica coffee cultivar with resistance to bacterial halo blight[J]. Crop Breeding and Applied Biotechnology, 17: 403-407.

SHIOMI HF, SILVA HSA, MELO IS, et al., 2006. Bioprospecting endophytic bacteria for biological control of coffee leaf rust[J]. Scientia Agricola, 63(1): 32-39.

SOUZA RM, 2008. Plant-Parasitic Nematodes of Coffee[M]. Berlin: Springer.

SOUZA, ANDRÉ GCR, FABRÍCIO ÁM, et al., 2011. Infection process of *Cercospora coffeicola* on coffee leaf[J]. Journal of Phytopathology, 159(1): 6-11.

TALHINHAS P, AZINHEIRA HG, VIEIRA B, et al., 2014. Overview of the functional virulent genome of the coffee leaf rust pathogen *Hemileia vastatrix* with an emphasis on early stages of infection[J]. Frontiers in Plant Science, 5: 88.

TALHINHAS P, BATISTA D, DINIZ I, et al., 2017. The coffee leaf rust pathogen *Hemileia vastatrix*: One and a half centuries around the tropics[J]. Plant Pathology, 18: 1039-1051.

VERMEULEN H, 1968. Sceening fungicides for control of coffee berry disease in kenya[J]. Experimental Agriculture, 4: 255-261.

VIEIRA A, SILVA DN, VAREA V, et al., 2018. Novel insights on colonization routes and evolutionary potential of *Colletotrichum kahawae*, a severe pathogen of *Coffea arabica*[J]. Molecular Plant Pathology, 19(11): 2488-2501.

VILLAIN L，SARAH JL，HERNANDEZ A，et al.，2013. Diversity of root-knot nematodes parasitizing coffee in Central America[J]. Nematropica，43：194-206.

WHITE TJ，BRUNS T，LEE S，et al.，1990. Amplification and direct sequencing of fungal ribosomal RNA genes for phylogenetics[M]//Innis MA，Gelfand DH，Sninsky JJ，et al. PCR Protocols: A guide to methods and applications. San Diego：Academic Press，315-322.

第二部分

咖啡生理性病害

植物生理性病害与传染性病害的特点

在农业生产中，植物生理性病害和传染性病害容易混淆，一旦"误诊"，可能延误最佳防治时间，造成无法挽回的损失；如果滥用农药，轻则影响农产品的质量安全，造成环境污染，重则可对人畜造成残毒危害。及时准确的诊断鉴定，是做好植物病害防治工作的前提和保障。

植物生理性病害是由非生物因素引起，此类病害没有病原物的侵染，不具传染性，也称非传染性病害。传染性病害则是由生物因素引起，可以在植物个体间互相传染，因而又称侵染性病害（马艳，2014）。

一、生理性病害的特点

（1）突发性：病害发病时间较为一致，往往有突然发病现象，病斑的形状、大小、色泽较一致。

（2）普遍性：通常是成片、成块普遍发生。常与温度、湿度、光照、土质、水、肥、废气、废液等条件有关。因此，无发病中心，相邻植株的病情差异不大，甚至附近某些不同的作物或杂草也会表现类似的症状。

（3）散发性：多数是整个植株呈现病状，且在不同植株上的分布比较有规律，若采取相应的措施改变环境条件，植株一般可以恢复健康。

二、传染性病害特点

（1）循序性：病害在发生发展上有轻、中、重的变化过程，病斑在初、中、后期形状、大小、色泽会发生变化，因此，在田间可同时见到各个时期的病斑。

（2）局限性：田块里有一个发病中心，即一块田中先有零星病株或病叶，然后向四周扩展蔓延，病健株交错出现，离发病中心较远的植株病情有减轻现象，相邻病株间的病情也会存在着差异。

（3）点发性：除病毒、线虫及少数真菌、细菌外，同一植株上病斑在各部位的分布没有规律性，其病斑的发生是随机的。

（4）有病征：除病毒和类菌原体病害外，其他传染性病害都有病征。如细菌性病害在病部有脓状物，真菌性病害在病部有锈状物、粉状物、霉状物、棉絮状物等。

咖啡树常见营养缺乏症状

咖啡树是多年生作物，生长期可达 10～40 年，需要足够的土壤肥力，进行合理追肥，确保生长良好，才能保证足够的产量。咖啡树生长发育所需的基本营养物质（植物必需元素）除本身可以通过光合作用合成碳水化合物外，还需要外源提供其他的基本营养物质，包括氮、磷、钾、钙、镁、硫、铁、锰、锌、铜、铝、硼、氯等元素。许多营养元素是植物细胞构成成分，参与植物的新陈代谢，在新陈代谢中发挥各自的生理功能，使植物体能够完成其遗传特性固有的生长发育周期。当植株缺乏某种必需元素时，就会因生理代谢失调，导致外观上表现出特有症状，叫作缺素症（生理性病害）。

一、缺氮症状

氮素影响植株体内叶绿素合成和光合酶类活性，对调节光合和蒸腾起着重要作用。增施氮量，植株氮素积累量增加，叶片光合速率提高，有利于光合产物形成，从而提高干物质积累量，然而过量施氮会引起叶片气孔关闭变缓，使植株蒸腾作用延长，增加水分流失，进而导致植株对水分吸收变缓，最终影响植株生长（董云萍等，2020）。

蔡志全等（2004）的研究表明，氮缺乏对小粒种咖啡生长、光合特性和产量的影响最大。未遮阴的咖啡园光照强，咖啡产量过高，容易发生缺氮症状，缺氮症状首先发生于嫩梢的叶片上，表现为叶片变为黄色或浅绿色。在干旱条件下，症状表现最为明显，严重时可导致叶面积缩小、节间缩短。需要注意的是，涝渍可导致根系功能受损，也可导致咖啡表现出典型的缺氮性萎黄症状。氮素是由老叶转移到新叶和浆果的，坐果过多、施肥不足，氮从老叶中流失，会造成叶片提前脱落。因此，要想获得丰收，就要增施氮肥，以防落叶和落叶引起的顶枯。通常是在初雨或灌溉后施用氮肥。土壤 pH 值大于 6.5 时可施硫酸铵，酸性土壤（pH 值小于 5.2），宜施尿素或硝酸铵钙。应根据降雨状况，分次施用氮肥，减少淋溶作用，确保在果实发育期为咖啡树提供充足的氮素（Martin & Marschner，1988；孙燕等，2019）。

咖啡缺氮症状

二、缺钾症状

钾是高等植物必需矿质营养元素之一，它在作物生长和代谢中具有重要作用，而且作物需要钾量大（慕成功，1995）。在我国现有耕地中，有 1/4～1/3 的土壤严重缺钾（鲁如坤，1989），尤其是长江以南的地区，缺钾问题更为普遍（姜理英等，2001）。

王立梅等（2015）指出，钾是植物体内含量最多的阳离子。钾并不参与植物体内组织、器官等的形成，而是通过促进植物体生理生化活动及代谢反应来行使调节功能。作物的光合作用，物质运输，蛋白质、淀粉、纤维素、木质素的合成等都是在酶的作用下完成的，而 K^+ 是包括上述这些酶在内的 60 多种酶（归纳为合成酶、氧化还原酶和转移酶三大类）的激活剂，在作物的生长发育以及产量形成过程中具有十分重要的作用。

钾素具有防止植株早衰、延长籽粒灌浆时间和增加千粒重的作用。钾在根

系吸收 NO_3^- 中起促进作用，同时钾能促进氨基酸的运输，尤其运往种子，从而合成更多的蛋白质。许多氨基酸、核酸的形成都需要钾离子的参与。当钾素供应不足时，植物体内蛋白质合成减少，可溶性氨基酸含量明显增加（夏乐，2016）。

钾能增强作物的抗倒、抗旱、抗寒、抗盐及抗病害能力。钾是植物细胞中最重要的渗透调节物质，对维持细胞的膨压具有重要的作用（王立梅等，2015）。在严重干旱条件下，钾离子的相对贡献率可达48%～58%，不仅可以通过调节细胞的渗透势和调控气孔的开闭以及蒸腾作用来直接提高作物的抗旱性，还可以通过调节作物内源激素的含量来提高其抗旱性（夏乐，2016）。1967年Fujino的研究表明，钾离子进入保卫细胞会使它的渗透势下降，从而使气孔开放。渗透调节和气孔调节是作物抗旱的主要机制（Marschner，1995）。当钾素充足时，植物细胞壁增厚，茎秆坚韧，增强植株的抗倒伏能力；抗寄生菌穿透的机械阻力增加，同时作物体内的低分子化合物减少，病原菌缺少食物来源，便阻止了病害的发展（王立梅等，2015）。

钾是咖啡树生长过程中所需的第二重要营养元素；如要满足咖啡树对钾的高水平摄入需求，则需在土壤中增施钾肥，以防发生缺钾。咖啡果实成熟期对钾肥的需求尤其大，钾含量低会造成过度结实，进而导致叶片减少。发育中的果实是钾元素的主要存储器官，如果供应不足，钾元素会从叶片转运到果实。缺钾的主要症状为老叶边缘褪绿，最终坏死，受害叶片脱落。咖啡树挂果量大也可能发生缺钾症状，可施用硫酸钾或氯化钾补充钾元素。

咖啡缺钾症状

三、缺磷症状

磷是作物体内许多重要有机化合物的组成成分，作物体内的核酸、核蛋白、激素、磷酸腺苷和许多酶的组成中都含有磷。这些物质对作物的生长发育与新陈代谢起着十分重要的作用。正常的磷含量，能加速细胞的分裂与繁殖，促进作物的生长发育，保持品种的遗传特性。磷在作物代谢过程中所起的作用表现在两方面：一是构成重要有机化合物，在代谢过程中起促进作用；二是磷本身也是代谢过程的调节剂，如磷参与糖类代谢、含氮化合物代谢、脂肪代谢。磷能促进作物生长发育与代谢、促进花芽分化、缩短分化时间，从而使作物的整个生育期缩短；磷还能增强作物的抗性，如抗旱性、抗寒性等（李志刚等，2002）。

在热带地区的许多土壤中，存在溶解度低的磷酸盐，磷元素比较固定。然而，即便土壤中的磷含量低，在正常生长条件下，咖啡树也能吸收所需的磷元素。因此，缺磷症状一般不易出现。但有效磷对花的发育和坐果至关重要。新植咖啡也应施用磷肥以促进根系发育。如果土壤干旱，对磷的需求又高，在某些地块就会出现缺磷症状。症状出现在老叶，整叶秋黄，带有柠檬黄色斑块，或可略带紫色，后转为古铜色。嫩叶颜色或较正常叶深，呈蓝绿色并向下耷拉。症状严重时可导致挂果枝落叶，并可致过度结实。王庆仁等（1998）的研究表明，施用有机肥是维持土壤磷含量的最佳方法，但缺磷症状可通过施用过磷酸钙加以治疗。若土壤的 pH 值小于 5.6，则施用重过磷酸钙。

咖啡缺磷症状

四、缺镁症状

镁元素是植物体生长发育必需的元素之一，Sprengel 在 1938 年就确定了镁是植物必需的营养元素（陆景陵，1994）。后来，随着对镁元素的进一步研究发现，镁元素在植物体生长发育中具有关键作用，对植物的质量有重要影响，许多欧洲学者把镁列为植物的第四大必需元素（何佳等，2018）。

镁是植物叶绿体中不可或缺的组成部分，位于叶绿素分子的中心位置，占叶绿体总分子质量的 2.7%。植物生长过程中，如果镁素含量不足，会导致叶绿体中基粒与类囊体数目下降，被膜损伤，整体结构遭到破坏。及时补充镁离子可逆转亚麻酸对光合膜造成的损伤，使叶绿体重新出现基粒。镁离子浓度在一定程度上影响着叶绿体中的基粒数量与光合膜的垛叠。基粒数量与集中程度则控制着植物体光合色素膜间的能量传递与吸收速率，在一定范围内，基粒数目越多，植物体将光能转化为化学能的速度越快（汪洪和褚天铎，1999）。

镁在进入植物体后，参与了生理代谢过程中的多个环节，是其中极为重要的组成部分。镁作为多种酶的辅助因子，参与到植物的光合作用、呼吸作用、三羧酸循环、硝酸盐还原、糖酵解等过程（曹恭和梁鸣早，2003）。植物体绝大多数 ATP 酶底物都含有镁素，镁离子进入植物细胞后，与酶相配合，增强了底物与酶的亲和力，但是，根据研究发现，在某些体外反应中，锰离子可以替代镁离子对酶产生活化效果，因此镁对于酶的活化不存在高度的特异性（吕明轩，2018）。

核糖体是蛋白质合成的工厂，有研究表明，一株健康的植株中，有 75% 的镁与核糖体的结构功能有关，镁是 DNA 指导 RNA 聚合酶催化反应过程中必不可少的元素，直接影响着 RNA 的合成。因此，镁素影响植物体内蛋白质的合成。当植物体内的镁素供应量不足时，蛋白质与核酸的合成途径就会受阻。研究表明，供镁的龙眼叶片与不供镁的相比，RNA 和 DNA 的含量分别上升 58.5% 和 25%，非蛋白态氮含量有所提升，蛋白态氮含量下降。当植物中的镁和硫同时配合时，植物体内的油脂含量将会增加（吕明轩，2018）。杨广东等（2002）研究发现，植物叶内镁素含量不足时，光合作用中的光反应和暗反应大大减弱，会引发并加剧生物膜脂过氧化作用，造成植物细胞生理代谢紊乱，加速植物衰老。

　　咖啡树缺镁较常见，特别是在富钾的地块中易发生。缺镁的最初症状是果实发育期的老叶叶脉间发生黄化，形成鱼骨状花纹。生长晚期缺镁可通过叶面喷施硫酸镁加以防治，生长早期发生缺镁症状，可通过在咖啡树周围表土掺入白云石加以处理。

咖啡缺镁症状

五、缺钙症状

　　钙是植物内一种必需的营养元素，其不仅对植物的生长发育具有重要作用，还可以抵抗植物的胁迫危害。植物细胞内的钙主要以结合态和离子态两种形式存在，果胶酸钙、植酸钙及钙调素蛋白等以结合钙的形式存在，同时，草酸钙、柠檬酸钙和苹果酸钙等这些有机酸钙也存在于植物液泡中。大部分的钙主要以离子态的形式存在于植物细胞中，这些钙离子在植物体内是重要的营养物质，可以促进细胞骨架中微管的形成，同时，钙离子还是组成细胞壁的主要成分，并对细胞膜的流动性具有较大的影响。当植物受到外界胁迫时，细胞内的离子可以降低胁迫引发的毒害影响。植物花粉管的生长和伸长也对钙离子浓度有较高的要求。钙离子不仅能维持细胞壁及细胞膜的稳定性，也是细胞内重要的信号分子，可作为第二信使参与细胞的信号转导，触发植物生长发育过程中的生理生化过程，使植物能够适应外界环境并调控其生长发育（刘佳，2021）。

钙在植物生长发育方面有着不可替代的作用，植株缺钙会导致植株叶片卷曲，节间长度变短；特定作物缺钙还会导致严重的病害，影响作物的生长发育。有些作物缺钙易导致脐腐病的发生，病斑从脐部蔓延，导致果肉组织凹陷收缩，使其完全丧失商品性（吕明轩，2018）。

咖啡缺钙的初期症状为嫩叶的叶缘和叶尖变为浅黄色或褪色，使整株看起来泛黄。与缺氮引起的黄化不同，缺钙引起的萎黄是叶缘变黄、边缘脱色、叶生长较叶中绿色部分缓慢，使叶片呈盏状。此外，缺钙还可表现为主脉开裂、栓化，顶端分生组织死亡，造成顶梢枯死。小粒种咖啡对钙的敏感度存在较大的遗传变异。

咖啡缺钙症状

六、缺硼症状

植物缺硼的症状一般体现在生长快、分生速度快的组织和器官中。豆科、十字花科等作物对硼的需求量较大，对硼缺乏表现敏感，体现在根系发育不良、叶片皱缩卷曲、生长点枯萎死亡、花而不实、产量下降等方面（寇娇娇等，2020）。

寇娇娇等（2020）的研究表明，硼对植物碳水化合物运转起着重要的作用，是其运输必不可少的元素。缺硼时，植物体光合色素含量降低，超氧化阴离子积累，糖分运输受到抑制，碳水化合物运输到根中受阻，导致根尖细胞木质化，抑制钙吸收。严重缺硼时，易造成茎秆中糖含量的积累，水溶性糖含量增加，影响作物生长阶段总糖积累，影响籽粒发育。

有机质含量低的土壤易出现缺硼。引起缺硼的其他因素还有土壤干旱或降水过多，以及土壤偏碱（pH值大于6.5）。缺硼的特点是从叶尖开始变黄，然后蔓延至半片叶。受害叶组织沿背面中脉发生栓化。顶芽或会死亡，侧树枝长成扇形。叶片或会变小，扭曲。叶面喷施硼酸或土壤施硼砂可治疗缺硼症，但须注意避免硼中毒。

施用硼肥最好的方法是土壤基施与浇施相结合。土壤基施应在播种时与化肥、农家肥或适量的细土充分混匀后施用，避免与种子直接接触。浇施应将硼肥与人畜粪水肥或化肥溶液混合均匀，于播种时浇入播种穴内作为基肥，或在作物生长前期、中期浇到作物上作追肥，浇施硼肥的效果较干施或叶面喷施效果更好。

咖啡缺硼症状

七、缺铁症状

铁是植物是电子传递链上的重要元素。在农作物中，植物糖类和蛋白质氧化还原反应都离不开铁元素的参与。农作物通过光合作用获取营养，铁是叶绿素的重要组成成分，参与光合作用（Kobayashi & Nishizawa，2012）。

　　如果农作物缺少铁元素，叶片根茎就会变黄，逐渐出现枯萎现象直至死亡。所以，铁元素对农作物来说是重中之重的元素（张福锁和韩振海，1995）。

　　铁参与叶绿素的合成，它是组成某些酶和蛋白质的成分，参与植物体内的氧化—还原过程和碳水化合物的制造。植物叶片中铁素营养浓度的正常含量为50～100毫克／千克，若在30～40毫克／千克时，可能出现缺铁症状。植物缺铁时，会造成"缺绿症"，首先表现在嫩叶上，叶子变小，叶脉间的叶肉变浅黄化甚至变为白色，叶脉仍保持绿色，叶缘及叶尖干枯，下部叶片常能保持绿色，花、果色淡，根系发育不正常（黄建国，2004）。

　　土壤干旱或过度结实及其后的顶梢枯死影响了根系功能，则往往会发生缺铁症。造成缺铁根本原因是pH值过高或过低，通常在下雨时缺铁症状会消失。缺铁的咖啡树，远观叶片呈浅绿色，近看则可在浅绿色或黄色的叶片上发现极具特点的由绿色脉络组成的网络花纹。缺铁症在嫩叶上表现较为明显，但较之正常树，受害植株整株呈淡绿色（张久成，2020）。

咖啡缺铁症状

八、缺硫症状

　　硫是植物生长发育所必需的营养元素（陈吉和蔡柏岩，2021）。对于植物的生长、代谢等活动而言，硫元素的作用是不可取代的。从绿色植物在呼吸作用消耗呼吸底物和光合作用消耗无机底物的过程中就可以看出，硫素虽然仅占植株干重的0.1%左右，但却对植物细胞生长发育的代谢合成等方面产生很大程度影响（Chen et al.，1982；罗曼琳等，2019）。从其所产生的作用中也可以看出，硫是植物代谢所需的主要营养物质之一。它是蛋白质、辅酶、辅基、维生素、氨基酸（如 Cys 和 Met）、谷胱甘肽和次生代谢产物（如 GSL 和磺基类黄酮）生物合成所必需的（陈吉和蔡柏岩，2021）。硫是叶绿素膜不可或缺的结构物质，细胞内硫含量的提高有利于叶绿素的合成，进而增强植物的光合作用，加强有机物的合成和累积。含硫氨基酸，如 Met、Cys 等是蛋白质合成的重要原料，所以硫元素还影响植物蛋白质的合成，植物缺硫时蛋白质合成速率降低，不利于植物正常生长发育。此外，硫元素还是合成辅酶的重要介质，影响酶活性，因此，植物抵抗逆境胁迫时，硫元素发挥着重要的作用（陈吉和蔡柏岩，2021）。

如果植物体内的有效硫含量不足，很容易引发植物的相关疾病，不利于植物的生长、发育及繁殖（Qiong & Fang，2016）。目前，世界各地均出现了土壤缺硫情况，其中以北美洲、非洲、大洋洲、亚洲、西欧较为突出。植物种类不同表现出的缺硫症状也有所差异，常见的症状有心叶黄化、叶片发黄、植株矮小、花期推迟、产量降低等，甚至会阻碍植物生殖器官的生长与发育，中断植物的生长（王丽等，2019）。

咖啡缺硫极少发生。症状主要表现为树叶普遍黄化，通常是近主脉部位和嫩叶黄化较为严重。叶斑不如缺氮明显，似乎不影响生长。施用硫酸铵或磷酸盐等含硫肥料可缓解缺硫症（耿建梅，2001）。

咖啡缺硫症状

九、缺锌症状

锌是植物生长发育必需的 7 种微量元素之一，也是园艺植物生长和结果不可缺少的，其含量过少或过剩都会产生不良的影响（田春莲和钟晓红，2005）。

张新生和孙爱君（1995）的研究表明，含锌的酶类包括碳酸酐酶、乙醇脱氢酶，是蛋白质酶、肽酶的必要组成成分。锌对植物体内多种酶起调节、稳定和催化的作用。此外，锌在吡啶核苷酸脱氢酶、乙醇酸脱氢酶、G-6-P 脱氢酶、谷氨酸脱氢酶、苹果酸脱氢酶、二肽酶等酶中，或直接作为组成成分，或以辅助因子形式，对植物体的物质水解、氧化还原过程和蛋白质合成等起着重要作用。

田春莲和钟晓红（2005）指出，锌是吲哚乙酸生物合成所必需的元素。在植物体中色氨酸是吲哚乙酸合成的前体物质，只有锌的参与才能使合成色氨酸的酶表现最大活性。

缺锌一般与特定土壤类型无关，但土壤含锌量偏低可导致缺锌，过度结果后的再生枝也往往会缺锌。缺锌症状首先发生于顶生侧枝条，表现为叶片主脉间黄化，叶片变窄。症状严重时可导致节间缩短，叶片和浆果变小。在树的中部，初级嫩枝节间缩短、叶片变窄、颜色变浅，与健康的外围叶片形成鲜明对比。叶面喷施氧化锌可以改善症状（Nagao et al., 1986）。

咖啡缺锌症状

参考文献

蔡志全，蔡传涛，齐欣，等，2004．施肥对小粒咖啡生长、光合特性和产量的影响 [J]．应用生态学报，15(9)：1561-1564．

曹恭，梁鸣早，2003．镁——平衡栽培体系中植物必需的中量元素 [J]．土壤肥料，3：48-49，47-50．

陈吉，蔡柏岩，2021．植物对硫素的吸收、转运及利用的研究进展 [J]．中国农学通报，37(29)：42-46．

董云萍，闫林，黄丽芳，等，2020．20 个小粒种咖啡种质氮吸收效率差异分析 [J]．热带作物学报，41(3)：417-424．

耿建梅，2001．茶树的硫素营养研究 [J]．茶业通报，2：25-26．

何佳，张思琦，徐世晓，等，2018．烟草镁素营养研究进展 [J]．贵州农业科学，46(9)：29-33．

黄建国，2004．植物营养学 [M]．北京：中国林业出版社：232-236．

姜理英，杨肖娥，石伟勇，2001．钾钠替代作用及对作物的生理效应 [J]．土壤通报，1：28-31，50．

寇娇娇，王道丽，杨秋莲，2020．浅述硼对植物生长发育的重要性 [J]．河南农业，22: 18．

李志刚，谢甫绨，宋书宏，等，2002.作物不同基因型的磷素营养研究进展 [J]．内蒙古民族大学学报（自然科学版），4：307-312．

刘佳，2021．钙离子对植物生长发育的研究概况 [J]．现代盐化工，48(5)：137-138，145．

鲁如坤，1989．我国土壤氮磷钾的基本状况 [J]．土壤学报，26（3）：280-286．

陆景陵，1994．植物营养学（上册）[M]．北京：北京农业大学出版社．

罗曼琳，窦添元，向秋洁，等，2019．重庆农田土壤硫分布特征及其影响因素[J]．农业资源与环境学报，36(3)：287-297．

吕明轩，2018．钙、硅、镁和营养液浓度对无土栽培西甜瓜裂果、生长发育和品质的影响 [D].海口：海南大学．

马艳，2014．作物生理性病害与传染性病害的鉴别 [J]．乡村科技，19：23．

慕成功，1995．钾素营养及施肥技术 [M]．北京：中国农业科技出版社．

孙燕，董云萍，龙宇宙，等，2019．施氮量对咖啡生长及光合特征的影响 [J]．热带作物学报，40(2)：215-220．

田春莲，钟晓红，2005．园艺植物锌素营养的研究 [J]．安徽农业科学，2：331-332．

汪洪，褚天铎，1999．植物镁素营养的研究进展 [J]．植物学通报，3：54-59．

王立梅，刘奕清，阮玉娟，2015．植物钾素研究进展 [J]．中国园艺文摘，31(5)：71，148．

王丽，吴忠东，沈新磊，2019．土壤硫肥研究进展 [J]．河南农业，13：20．

王庆仁，李继云，李振声，1998．植物高效利用土壤难溶态磷研究动态及展望[J]．植物营养与肥料学报，2：107-116．

夏乐，2016．钾素生理作用及土壤缺钾原因分析 [J]．现代农业，2：42-43．

杨广东，朱祝军，计玉妹，2002．不同光强和缺镁胁迫对黄瓜叶片叶绿素荧光特性和活性氧产生的影响 [J]．植物营养与肥料学报，1：115-118．

张福锁，韩振海，1995．苹果抗缺铁基因型差异的生理生化指标研究 [J]．园艺学报，22（1）：1-6．

张久成，2020．磷和脱落酸缓解苹果缺铁症状的研究 [D]．泰安：山东农业大学．

张新生，孙爱君，1995．果树的锌素营养综述 [J]．河北果树，3：9-10．

CHEN CH, KOENIG JL, SHELTON JR, et al., 1982. The influence of carbon black on the reversion process in sulfur-accelerated vulcanization of natural rubber[J]. Rubber Chemistry and Technology, 55(1)：103-115.

KOBAYASHI T, NISHIZAWA NK, 2012. Lron uptake, tranlocation, and regulation in higher plants[J]. Annual Review of Plant Biology, 63: 131-152.

MARSCHNER H, 1995. Mineral, Nutrition of Higher Plant[M]. Lodon: Academic Press.

MARTIN MH, MARSCHNER H, 1988. Mineral Nutrition Of Higher Plants[J]. Journal of Ecology, 76(4): 1250.

NAGAO MA, KOBAYASHI KD, YASUDA GM, 1986. Mineral deficiency symptoms of coffee[M]. University of Hawaii.

QIONG Q, FANG HJ, 2016. Spatial and seasonal distributions of soil sulfur in two marsh wetlands with different flooding frequencies of the Yellow River Delta, China[J]. Ecological Engineering, 96: 63-71.

第三部分

咖啡虫害

咖啡灭字脊虎天牛

咖啡灭字脊虎天牛（*Xylotrechus quadrips* Chevrolat），又名咖啡虎天牛，俗称钻心虫、柴虫等，是一种为害经济作物咖啡的重大蛀干类害虫。该虫的寄主植物有8科22种，主要以茜草科植物的种类最多，其中又以咖啡作物的受害最为突出。受取食和产卵机制的影响，与中粒咖啡和大粒咖啡相比，表皮粗糙和硬度较低的小粒咖啡更容易受咖啡灭字脊虎天牛为害。在我国咖啡主产区云南省的保山、德宏、大理、文山、普洱等市（州）均有灭字脊虎天牛的发生，为害率高达86.23%，给咖啡产业带来严重的经济损失（柴正群等，2020；付兴飞等，2020）。

一、分类地位

该虫属于鞘翅目（Coleoptara）天牛科（Cerambycidae）天牛亚科（Cerambycinae）脊虎天牛属（*Xylotrechus*）。

二、分 布

国外分布于印度、斯里兰卡、缅甸、越南、老挝、泰国、朝鲜、日本；我国主要分布于广东、海南、广西、四川、云南、台湾等省（区）。

三、为害特点

幼虫为害枝干，将木质部蛀成纵横交错的隧道，隧道内填塞虫粪，并向茎干中央钻蛀为害髓部，然后向下钻蛀为害至根部。严重影响水分的输送，致使树势生长衰弱，枝叶枯黄，表现缺肥缺水状态。盛产期被害时，果实无法生长，被害植物易被风吹断。植株被害后期，被害处的组织因受刺激而形成环状肿块，表皮木栓层断裂，水分无法往上输送，上部枝叶表现黄萎，下部侧芽丛生。当幼虫蛀食至根部时，导致植株死亡。严重受害时可致全咖啡园摧毁。经调查发现，灭字脊虎天牛多为害定植 5 年以上的咖啡树。

灭字脊虎天牛为害症状

四、形态特征

成虫　体长 10～18 毫米，宽 2.5～3.2 毫米，全体黑色或黑绿色，密被黄毛，灰绿色短毛，前胸近圆球形，背板上有 3 颗圆形黑点，中间的大，两侧的小，翅面上的条纹组成明显的"灭"字。鞘翅中央后方各具一近似三角形的黄绿色纹。鞘翅末端具一半圆形黄绿色斑纹，鞘翅的外角生有 1 条短刺。雄性成虫头部额区有两道明显的隆起线，后腿节不超过鞘翅末端。

卵　长椭圆形，长 1.2～1.5 毫米，宽 0.8～1.0 毫米，卵的周围有一圈网状附着丝，初产时乳白色，后渐变为灰棕色，近孵化时变为棕褐色或棕黑色。

幼虫　老熟幼虫体长 32～38 毫米，宽 3.5～5.5 毫米，蜡黄色，胸节宽大，逐节向尾部收缩，收缩幅度稍大。头细小，四方形，上颚坚强，虫体其余部分蜡黄色，胴部 11 节。肛门开口呈"Y"字形。

蛹 离蛹（自由蛹）。榄核形，体长 16～18 毫米，宽 4.5～5.0 毫米，初为乳白色，渐变为乳黄色、蜡黄色至棕黄色，头细小，弯贴于腹面，触角弯贴于体两则先端，伸至第一腹节前缘，腹背面可见 7 节。

| 成虫 | 幼虫 | 蛹 |

五、生活史和习性

咖啡灭字脊虎天牛在广西龙州一年发生 2 代，少数发生 3 代，在云南西双版纳和海南岛每年发生 3 代，每代均跨年度完成，世代重叠严重。同一代次虫态发育不整齐。一株树干内有 1 头或多达 57 头不同代次的各虫态。第一代发生期为头年 3 月中下旬至 4 月中下旬，到翌年 3 月中下旬至 4 月中下旬。第二代为头年 5 月中下旬至 7 月上中旬，到翌年 5 月中下旬至 7 月上中旬。第三代为头年 9 月中下旬至 10 月中下旬，到翌年 9 月中下旬至 10 月中下旬。11 月上中旬，当气温降至 20～25℃，相对湿度降至 70%～75% 以下，气候干燥时，3 个代次的各虫态受光照、光波等生物、非生物条件的刺激，在树干木质内或表皮间以滞育态越冬。翌年 2 月中下旬后，当气温回升至 20～25℃，相对湿度在 70% 以上并稳定，该虫滞育越冬解除，开始继续生长发育，由于 3 代均分别以不同的虫态滞育越冬，出现不同代次个体生命和种群数量的明显差异，第一代和第三代种群数量受到了极大的抑制，第一代成虫仅占全年成虫总量的 10%，第二代成虫占全年成虫总量的 75%，是全年发生为害的主要代表，第三代成虫占全年成虫总量的 15%。

成虫喜阳光，晴朗天气性情活跃，特别在正午阳光下异常活跃。具低飞、低栖习性。产卵具选择习性，多产卵在成龄咖啡树干基部离地面 10～30 厘米或 50～80 厘米的干翘树皮、裂缝中，受惊不具假死习性，具有一定的趋光习性，飞行及活动范围受限。多为单产或数个，可连续或间隔在一株树干上产卵数枚。

幼虫孵出后，先钻入表皮下成细小蛀道或不规则块状为害。2～3 龄幼虫钻入树干木质内为害。幼虫无一例外地向上取食为害，但其中有先环向、横向、斜向、纵向为害后再向上取食为害。幼虫喜食含水量较少的树干木质。11 月后各代次不同虫态在树干木质内以滞育态越冬。一株受害树干内有 1 头至数十头不同代次的各虫态。幼虫在树干木质蛀道内进入老熟幼虫后，蛀道向树干木质边缘表皮靠近，先钻蛀一与表皮连通的圆形孔道，在树干木质蛀道内进入预蛹、蛹期，裸蛹，头部一律朝上并向树干表皮方向倾斜。

蛹初化 4 天后由黄白色渐变为黄褐色，复眼黑褐色，7 天后复眼及上颚变为黑色，10 天后即羽化为成虫。

六、防治方法

1. 种植抗锈、高产、密集矮生品种

咖啡灭字脊虎天牛喜欢为害树叶稀疏、茎干裸露、皮粗爆裂的咖啡树，因此发生锈病造成大量落叶的咖啡树虫害较重。现在生产上普遍推广的新品种卡蒂莫 CIFC7963（F6），除了抗锈高产外还具有植株矮、树型紧凑，自身荫蔽好的特点，对灭字脊虎天牛的为害有抑制作用（张洪波等，2002）。

2. 农业防治

加强各项栽培管理措施，保持咖啡树养分平衡，避免因结果过多和粗放管理引起咖啡树势衰弱，导致咖啡灭字脊虎天牛为害的局面；对咖啡园的虫害树要及时切干处理，减少虫源，对切下的虫害枝干，应移走烧毁，严禁随意弃放

在田间地头，以免害虫迁移为害（张洪波等，2002）；冬季或农闲时，清除咖啡地周边咖啡灭字脊虎天牛的野生寄主树，以减少翌年外来的虫源。

3. 物理防治

在灭字脊虎天牛羽化前期快速识别和清除受害植株，采用集中焚烧或水下浸7～10天的方法可有效杀死受害植株内的虫体（李荣富等，2015）；通过防虫网笼罩受害植株也可以避免灭字脊虎天牛的扩散和种群的增长；针对咖啡灭字虎天牛的产卵机制，在产卵前后期，在咖啡茎干离地30厘米处，通过刮皮方式，破坏产卵场所或刮除卵粒，均可在一定程度上减少虫源；在4月中旬前涂干，用水：胶泥：石灰粉：甲敌粉：食盐：硫＝2：1.5：1.2：0.005：0.005：0.005 的配比，混合搅拌均匀呈浆糊状，均匀涂刷距地面50～80厘米的咖啡树干，防治第二代、第三代灭字脊虎天牛产卵和第三代卵或刚孵出尚未进入木质的幼虫；在灭字脊虎天牛成虫出现的时期，通过人工捕捉的方式杀灭成虫；悬挂诱捕器和引诱剂诱杀成虫。

4. 生物防治

保护天敌，利用天敌控制害虫数量。咖啡灭字脊虎天牛的天敌主要包括寄生蜂、鸟类及病原真菌。寄生蜂是咖啡灭字脊虎天牛的重要天敌。目前国内外已发现具有开发利用价值的寄生蜂有30多种，包括跳小蜂科（*Echthrogonatopus* spp.）、肿腿蜂科（*Scleroderma* spp.）、茧蜂科（*Braconidae* spp.）、广肩小蜂科（*Eurytomidae* spp.）等（Pandey et al.，2022）。管氏肿腿蜂（*Scleroderma guani*）是我国发现的一种具有优秀的搜寻和钻蛀能力的寄生性昆虫，其防治效果好，能有效针对咖啡灭字脊虎天牛幼虫为害隐蔽、防治困难等问题，很适合作为钻蛀性害虫尤其是天牛的寄生天敌（杨文波等，2017）。保护食虫鸟类，是控制咖啡灭字脊虎天牛的重要措施。例如，鸟类 *Megalaima* spp.（Subramaniam，1934）和 *Megalaima viridis*（Boddaert）（Yahya et al.，1982）会捕食灭字脊虎天牛的幼虫。另外，利用真菌病原控制咖啡灭字脊虎天牛，也是虫害防治的重要途径。目前国内外报道的咖啡灭字脊虎天牛的生物菌剂主要集中在发菌科（Trichocomaceae）和虫草科（Cordycipitaceae）（Pandey et al.，2022）。在我国，魏佳宁和况荣平（2002）发现白僵菌 *Beauveria bassiana* 对咖啡灭字天牛的控害效果较好，防效可达90%以上，是一种安全有效的生物防治药剂；刘全俊等（2022）从田间自然罹病死亡的咖啡灭字脊虎天牛幼虫的僵虫虫体上分离到1株对其有高致病力的虫生真菌——爪哇虫草（*Cordyceps javanica*），该菌在适宜的环境条件下，对咖啡灭字脊虎天牛具有较好的生物防治潜力，具有进一步深入研究和开发利用的前景。

5. 化学防治

化学防治具有操作简单、见效快和成本低的优点。目前，化学防治仍是防治灭字脊虎天牛的主要手段。受灭字脊虎天牛生活习性的限制，化学防治主要针对树皮裂缝上的卵和初孵化的幼虫，对正在产卵的雌成虫以及树干内为害的幼虫和蛹基本上无效或效果较差。研究发现，六氯环己烷、林丹、DDT、对硫磷1605、硫丹、毒死蜱、丁克百威、敌百虫、敌敌畏及乐果等杀虫剂对灭字脊虎天牛都有一定的毒杀效果。随着农药的规范使用，林丹、DDT、敌百虫等高毒、高污染、高残留的农药已经被禁止使用。因此，当前一些低残留、低污染及低毒的杀虫剂被用于灭字脊虎天牛的防治，如阿维菌素、吡虫啉、苦参碱及高效氯氟氰菊酯等。郑勇等（2016）测定了1.8%阿维吡虫啉乳油、20%吡虫啉可溶性水剂及1.3%苦参碱水剂对灭字脊虎天牛的防控效果，防控效果为39.3%～72.7%。但农药的不规范性使用导致抗药性、环境污染及次要害虫猖獗等问题突出，因此，在合理和规范使用农药的基础上，开发使用无公害的防治方法仍是今后化学防治的重点方向。

咖啡旋皮天牛

咖啡旋皮天牛（*Dihammus cervina* Hope）又称咖啡锦天牛、旋皮锦天牛、绒毛天牛、柚木肿瘤钻孔虫，主要寄主为咖啡属（*Coffea*）、柚木属（*Tectona*）、水团花属（*Adina*）、醉鱼草属（*Buddleja*）、臭牡丹属（*Clerodendrum*）植物，是农林生产上的重要蛀干害虫。在咖啡植物上，咖啡旋皮天牛是小粒种咖啡重要害虫之一，主要为害定植后 2～3 年的幼龄咖啡树，为害树干后会造成幼龄、成龄咖啡树叶黄枝萎或整株死亡，经济损失惨重。

一、分类地位

该虫属鞘翅目（Coleoptera）天牛科（Cerambycidae）沟胫天牛亚科（Lamiinae）。

二、分 布

国外主要分布于越南、泰国、老挝、印度、印度尼西亚、尼泊尔、缅甸、日本、朝鲜等国家；我国主要分布于海南、广东、广西、四川、西藏[①]、台湾、福建、云南等省（区）。

三、为害特点

幼虫为害咖啡树干基部，其幼虫钻蛀入咖啡树干基部表皮层下，向下呈螺

---

① 西藏自治区，全书简称西藏。

旋状取食为害树干韧皮和木质组织，木质部表面留下螺旋状纹，被害咖啡树因韧皮、形成层等输导组织遭到破坏，被连续 3～5 圈螺旋所间隔，养分和水分被隔断，轻者造成植株长势衰弱，影响当年果实成熟和翌年开花结果，重者造成植株叶黄枝萎、叶片下垂脱落，直至整株枯死（周又生等，2002）。咖啡树在苗期即开始被害，定植后受害加重。2 年生幼树被害率达 13%，3 年生幼树被害率可达 68.3%，特别严重地区被害率高达 100%，严重损害了咖啡树生长和咖啡的产量与质量。

咖啡旋皮天牛为害典型症状　　　　　　　咖啡旋皮天牛为害后期症状

四、形态特征

成虫　体长 15～28 毫米，宽 5～8 毫米。全身密被带丝光的纯棕色或深咖啡色绒毛，无他色斑纹；触角端部绒毛较稀，色彩也较深。小质片较淡，全部被淡灰黄色绒毛。头顶几无刻点，复眼下叶大，比颊部略长。触角雄虫超过体尾 5～6 节，雌虫超过 3 节；一般基节粗大，向端渐细，末节十分细瘦；雄虫第三至第五节显然粗大，第六节骤然变细，此特征在个体越大越较明显。前胸近乎方形，侧刺突圆锥形，背板平坦光滑，刻点稀疏，有时集中于两旁；前缘微拱凸；靠后缘具两条平行的细横沟纹。小质片半圆形。肩部较阔，向后渐狭，略呈楔形，末端略呈斜切状，外端角明显，较长，内端角短，大圆形，有时整个末端呈圆形，翅基部无颗粒，刻点为半规则式行列，前粗后细，至端部则完全消失。

幼虫 共分6龄，老熟幼虫体长30～38毫米，宽3.5～5.2毫米，乳白色，扁圆筒形，胸节较宽大逐渐向尾部缩小。头部及前胸硬皮板颜色较深，黄褐色至棕褐色，体之其余部分白蜡黄色；头横阔，两侧平行，缩入前胸很深，头盖侧叶彼此相连，前胸节最大，为中后胸两节之和，背面具1方形移动板，其两侧及中央各有1条纵纹，中胸侧面近前胸处有明显的气门1对，胸无足，腹部由8节组成。

蛹 离蛹，体长25～28毫米，宽4.5～5.5毫米，乳白色，羽化时呈黄褐色或棕褐色。触角向后伸及中胸腹面，卷曲或略呈盘旋状。头部倾于前胸之下，口器向后，下唇须伸达前足基部；前足、中足均屈贴于中胸腹面，后足屈贴于体腹部两侧。腹部可见9节，第十节嵌入前节之内，以第七节最长，第九节具褐色端刺。

卵 棱形。长3.5～4.0毫米，宽1.0～1.2毫米；两端窄尖，略弯曲，初产时乳白色，渐变为乳黄色，近孵化时呈黄褐色或棕褐色。

成虫

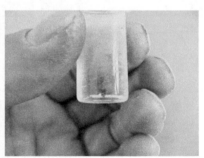
卵

幼虫

蛹

五、生活史和习性

咖啡旋皮天牛一年发生1代，跨年度完成。于每年4月下旬至6月中下旬，到翌年4月下旬至6月中下旬完成1代。10月中下旬后多数幼虫达老龄期，为害表土上下的基部树干处，当温度降至20～25℃，相对湿度降至75%以下，气候干燥，老熟幼虫受光照、光波的刺激后，在受害树干基部表皮下，或钻出被害树干基部表皮深入根部附近或深入以基部树干为圆心，以5～25厘米为半径，深5～20厘米范围的土中，以体裸或构成简易土室，以老熟幼虫滞育态越冬。翌年3月中下旬，当气温回升至20～25℃，相对湿度达70%以上并基本稳定后，滞育越冬解除，该虫开始继续发育，4月上中旬至5月中下旬为化蛹盛期，4月下旬至5月中下旬当气温升达30℃，并经降雨之后，土壤湿度在80%～90%时成虫陆续羽化，钻破基部树干表皮或向上钻出土面，开始取食、寻偶交配和产卵。5月中下旬至6月中下旬是成虫产卵高峰期。

成虫喜阴凉、阴暗潮湿、荫蔽、幽静环境。怕炎热直光、强光。喜低飞、低栖。活动及飞行范围受限。具趋嫩绿习性，产卵部位具选择习性，多产卵在幼龄咖啡树干基部离地面5～30厘米处。受惊后具假死习性，不具趋光习性。卵多产在离地面5～30厘米或50～80厘米幼龄咖啡树基部树干上的干翘树皮、裂缝中，单产，一株树干上产卵1枚。

幼虫孵出后，先钻入表皮下成细小蛀道或不规则块状为害。2～3龄蛀进真皮、木质部并无一例外地向下取食为害，形成由上而下3～5圈或5～6圈规则或不规则螺旋状纹。幼虫喜潮湿阴暗，怕直光、干燥环境，喜食含水丰富、脆嫩的韧皮、形成层和擦边表皮木质。10月中下旬后，老熟幼虫在树干基部表皮下或根部附近或钻入土中以滞育态越冬，一株受害树干有1头幼虫。头年10月中下旬后，以老熟幼虫在被为害树干基部表皮下或根部附近或钻进土中以滞育态越冬。

翌年3月中下旬当温度回升至20～25℃，相对湿度达70%以上，蛹经光照、光波刺激后，滞育越冬解除，继续发育，进入预蛹、蛹期，裸蛹，头部一律朝上。

六、防治方法

1. 农业防治

建立生态式的复合栽培模式，即上层高大经济林木果树，下层咖啡，保持荫蔽度 20%～40%；选用抗逆性较强的品种，每公顷种植 5000～6000 株，注重水肥管理，修枝整形，建立生势健壮，树冠结构合理的咖啡群体；清除植园内外（150 米以内）的野生寄主，结合收果后的春季管理清除、销毁虫害枝条和死株残体。严禁将虫害枝、残体放在园地内外。每年 10 月中下旬至翌年 3 月中下旬，结合冬季除草清园工作，全场浅翻挖咖啡地平地 1 次。有条件的咖啡场冬季对咖啡地平地透灌水 1～3 次，以破坏滞育态入土越冬咖啡旋皮幼虫生境，促其部分死亡。

2. 化学防治

5 月中下旬至 6 月中下旬，全场用氧化乐果、速扑杀等 1∶（1000～2000）倍液，高效氯氰菊酯、毒死蜱等 1∶（1200～1500）倍液逐株淋喷距地面 50～80 厘米的树干，重点淋湿 2～3 年生幼龄树干。对咖啡旋皮天牛常发地段、发生严重地块，可每月间隔 10～15 天，连续淋喷树干 2～3 次，杀死卵或刚孵化尚未进入真皮、木质部的幼虫。

咖啡绿蚧

　　咖啡绿蚧 [*Coccus viridis* (Green)] 又名咖啡软蜡蚧，主要寄主为咖啡、油棕、杧果、龙眼、柑橘等，该虫主要以成虫和若虫固定在叶背面、枝条及果的表面为害，尤以幼嫩组织部分被害较重。除直接吸取寄主汁液外，还排泄蜜露积聚在叶片上，诱致煤烟发生，妨碍光合作用。同时，它是幼龄咖啡树的主要害虫之一。导致咖啡植株树势衰退，受害植株果实干枯变黑，产量、质量下降（李贵平，2004；郑勇等，2018）。一般受害较重的咖啡园直接减产达 30% 以上（李贵平，2004）。

一、分类地位

　　该虫属同翅目（Homoptera）蚧总科（Coccoidea）软蜡蚧亚科（Coccinae）绿蚧属（*Coccus*）。

二、分　布

　　国外分布于非洲、东南亚、印度洋和太平洋多数岛屿等地区，有菲律宾、印度尼西亚、越南、马来西亚、印度、缅甸等国；我国主要分布于海南、广东、广西、云南、四川、江西、浙江、湖南、江苏、贵州、福建和台湾等省（区）。

三、为害特点

　　成虫和若虫固定在叶背面、枝条及果的表面为害，尤以幼嫩组织部分受害较重。除直接吸取寄主汁液外，还排泄蜜露积聚在叶片上，诱致煤烟病发生，妨碍光合作用。植株被害后其生长衰弱，严重时幼果表皮皱缩，果柄发黄，幼果尚未成熟即会脱落，使产量减少，品质降低，甚至造成植株死亡。据调查，广西国营阳圩农场植株被害率曾高达84%，其中发生煤烟病的植株占25%以上。

咖啡绿蚧为害茎秆

咖啡绿蚧为害嫩梢

咖啡绿蚧为害叶背

四、形态特征

成虫 虫体略呈卵圆形，虫体背面稍向上隆起。虫体多为淡绿色或黄绿色，在背中部通常有黑色或暗褐色斑或短带形成的纵行条纹，此纵行条纹多有各种弯曲，呈左右2条。有的虫体这样的纵条纹有各种不规则的断裂，而使这2条纵条纹呈斑点状的带。虫体长1.5～3.5毫米，宽1～2毫米。触角常为7节，一般第三节或第四节较长，顶端节也较长。胸足纤细，但具有正常节数，在跗节与胫节间稍见有硬化片存在。跗冠毛鬃状，其顶端膨大，爪冠毛粗，其顶端膨大呈球形。胸气门小，气门腺路较狭窄，由五孔腺组成。胸气门刺3根，中央气门刺很长，其长度为两旁小气门刺长度的2～4倍。腹部腹面和两胸足间分布有管状腺。虫体背面比较柔软，有不规则椭圆形小网眼。眼点位于虫体头端，多数标本，清晰可见。亚缘瘤左右体缘分布也常不对称，通常8～11个。背面体刺较短小，顶端较狭窄。肛板略呈直角三角形，直角位于侧角，有时肛板底缘和外缘略相等，呈等腰三角形。肛板端毛靠前和集中分布。肛筒缨毛2对。体缘毛多为顶端分枝或呈刷状的缘毛，中间也杂有顶端尖锐的缘毛。虫体腹面体毛，特殊分布在靠近每个触角基部处有4根，这4根长短不一。阴毛前有体毛3对，较发达。

卵　圆形，体边缘扁平，中间稍微突起。初产为白色透明，后期为黄色不透明。

五、生活史和习性

咖啡绿蚧在海南岛完成一世代历期为28～42天，孤雌生殖，每雌虫一生可产卵数百粒，卵置于母体下。若虫共6龄。初孵若虫在母体下面作短时间停留，然后分散，四处爬行活动，寻找适宜的生活场所，定居后取食，不再移动。初龄若虫的爬行扩散，除在原寄主部位分布外，也有向邻株扩散为害。有的个体通过其他动物或风力做远距离传播。其在高温干旱季节发生数量较多，在阴雨季节虫口密度急剧下降，主要原因是容易被真菌 *Cephalas porium* Lecanii 寄生；在低温季节该虫繁殖速度下降，为害亦减轻。

六、防治方法

1. 农业防治

加强种植园肥水管理，促使抽发新梢、更新树冠、恢复树势对预防咖啡绿蚧有一定作用；在蚧卵孵化之前剪除虫枝，集中烧毁；少量蚧可人工刷除；剪除过密的衰弱枝和干枯枝，使树冠通风透光；使用天然诱饵（玉米麸皮和甘蔗渣等）配合1%杀虫剂（如甲萘威或除虫脲）来控制蚂蚁，减少蚂蚁对咖啡绿蚧的保护，促进瓢虫捕食咖啡绿蚧；枝干涂白，杀死藏在树皮中的虫卵，降低翌年初春咖啡绿蚧的发生。涂白剂由1份生石灰、2份硫黄粉、半份食盐混合制作而成（郑勇等，2018）。

2. 物理防治

辐射法是防治害虫的方法之一。目前，该方法在夏威夷已被批准用于果蔬检疫防控。对于咖啡绿蚧，研究发现，当以500戈瑞照射咖啡幼苗上的咖啡绿蚧时，所有若虫在5周时死亡，但在250戈瑞照射下，0.50%的若虫存活了长达24周，并且全部不育。当分别以250戈瑞和500戈瑞照射时，所有成虫在16周和7周时被杀死（Hara et al.，2002）。因此，咖啡绿蚧可以通过以250戈瑞的最小吸收剂量进行照射来有效控制。另外，还可以通过人工捕杀绿蚧成虫、诱捕装置捕获雄性绿蚧成虫等物理方法，来控制咖啡绿蚧。

3. 生物防治

咖啡绿蚧有多种寄生和捕食性天敌。主要的天敌寄生菌有蜡蚧轮枝菌 [*Lecanicillium lecanii*（Zimmermann）Zare & Gams] 和球孢白僵菌（*Beauveria bassiana*）。蜡蚧轮枝菌是一种广泛应用的对咖啡绿蚧有较好防控效果的寄生菌。试验研究表明，在咖啡上以 2×10^6 个孢子/毫升喷洒蜡蚧轮枝菌时，配合使用0.05%喹硫磷和0.05%Teepol（仲烷基硫酸钠）可高效杀灭95.58%的咖啡绿蚧（Rajashekhar et al.，2021）。球孢白僵菌（*B. bassiana*）是在国内外被广泛应用的白僵菌属杀虫真菌之一，被认为是最具开发潜力的一种昆虫病原真菌。泰国科研人员在防雨温室中应用矿物油、印楝素、噻嗪酮和白僵菌（*B. bassiana*）4 种杀虫剂进行了咖啡绿蚧药效对比试验。结果发现，在每周喷洒 3 次白僵菌后，有效减少了咖啡植物上咖啡绿蚧的数量，应用白僵菌（*B. bassiana*）可以使咖啡绿蚧数量降至 23.61%，与其他 3 种杀虫剂处理之间没有显著差异（Rangsan et al.，2016）。瓢虫和寄生蜂是咖啡绿蚧防治的重要天敌昆虫。目前，已报道的捕食咖啡绿蚧的瓢虫有 12 属 19 种（娄予强等，2023），如大红瓢虫（*Rodolia rufopilosa Muls.*）、红环瓢虫（*Rodolia limbata Motsch.*）、二星瓢虫 [*Adalia bipunctata* (Linnaeus)]；主要的寄生蜂包括蚜小蜂科（Aphelinidae）、跳小蜂科（Encyrtidae）、姬小蜂科（Eulophidae）和金小蜂科（Pteromalidae）4 个科 13 个属共计 24 种（娄予强等，2023）。然而，由于这些天敌昆虫种群数量易受化学农药的影响，因此在今后使用化学农药时，应尽量选择低毒高效的农药，从而保护天敌不受影响。

4. 化学防治

目前，用于绿蚧防控的化学药剂种类有 39 种（娄予强，2023）。尽管这些药剂的应用范围未标注咖啡绿蚧，但绝大部分药剂或对预防咖啡绿蚧都有一定防效。例如，24% 螺虫乙酯 SC 对咖啡绿蚧有良好的防治效果，药后 60 天对咖啡绿蚧的防效显著优于对照药剂 48% 毒死蜱和 40% 杀扑磷（白学慧等，2013）；5% 吡虫啉乳油、25% 噻虫嗪可湿性粉剂、5% 啶虫脒乳油、40% 杀扑磷乳油平均防效均在 91% 以上（丁丽芬等，2014）。另外，正确的用药方式和施药时机，对化学农药的田间使用效果同样也非常重要。一级枝干施药防效要显著高于主干施药（Kumar & Regupathy，2006）。在初孵若虫期，可用 1.8% 阿维菌素、10% 吡虫啉可湿性粉剂 2000 ～ 4000 倍液、25% 噻嗪酮可湿性粉剂 1500 ～ 2000 倍液等喷雾防治，也可用氟胺氰菊酯、40% 乐斯本乳油等防治；若虫孵化盛期，每隔 10 ～ 15 天喷 2 ～ 3 次有机油乳剂 100 ～ 200 倍液、柴油乳剂 100 ～ 150 倍液、40% 杀扑磷 800 ～ 1000 倍液、洗衣粉 100 ～ 150 倍液、溴氰菊酯或吡虫啉 1000 ～ 1500 倍液等。

咖啡木蠹蛾

咖啡木蠹蛾（*Zeuzera coffeae* Nietiner）又称咖啡豹蠹蛾、茶枝木蠹蛾、豹纹木蠹蛾、茶红虫，属于鳞翅目木蠹蛾科（黎健龙等，2020）。咖啡木蠹蛾的寄主植物达 24 科 32 种，主要有咖啡、可可、茶树、油梨、金鸡纳、番石榴、石榴、梨、苹果、桃、枣、荔枝、龙眼、柑橘、棉、杨、木槿、大红花、台湾相思等，是多种果树、园林树木以及花卉枝干的重要害虫。该虫主要以幼虫为害树干和枝条，蛀食木质部，致被害处以上部位黄化枯死，或易受大风折断，严重影响植株生长和作物产量。

一、分类地位

该虫属鳞翅目（Lepidoptera）木蠹蛾科（Cossidae）豹蠹蛾属（*Zeuzera*）。

二、分　布

国外分布于东南亚、新几内亚岛、西非和欧洲等；我国主要分布在华北、东南、西南等地区，以浙江、福建、湖南等地报道较多。

三、为害特点

主要以幼虫蛀食为害。幼虫孵化后即蛀入枝梢内并逐步向下蛀食，对树木的木质部作环状取食，大多不损破树外皮，形成"蛀环"，常蛀达枝干基部，枝干外蛀有多个排泄孔，被害枝干从蛀孔流出黄褐色粪粒。枝干受害后，输导组织受损，造成叶片凋萎，枝条枯竭易折。幼虫昼夜均能取食，尤以夜间为甚。

咖啡木蠹蛾为害症状

四、形态特征

成虫 体型较小，灰白色。雌虫体长 21～26 毫米，翅展 42～58 毫米；雄虫体长 13～23 毫米，翅展 26～47 毫米。雄虫触角基半部双栉齿状，16～18 节，具长绒毛；端半部细锯齿状，18～27 节。雌虫触角丝状。胸背部灰白色，具有 3 对青蓝色圆点。前翅灰白色，在翅脉间密布短黑纹，雄虫较模糊，雌虫明显，短斜纹青蓝色。前翅副室狭长，相当于中室长的 3/5。翅前、后缘及脉端的黑点显著。后翅透明，翅脉间密具近圆形青蓝色黑斑，臀区白色无斑纹。外缘毛短，后缘毛长，均为白色。腹部腹面雄虫白色，跗节黑色；雌虫每节有 3 列青蓝色黑斑，以中间的一个为大。雌虫产卵管外露，长 8～10 毫米。初孵幼虫体长 1.5～2.0 毫米，紫黑色，随虫体发育色泽变为暗紫红色。老熟幼虫体长 17～35 毫米，头宽 3～4 毫米，淡橙红色。头部梨形，平时头壳的基半部缩入前胸。单眼 6 个，在 3～6 单眼着生处有一深褐色"S"形斑。胸背部淡黄褐色。背板前半部有黑褐色翼状纹伸向两侧，后半部近后缘处有 4 行齿突。腹足趾钩双序环状，臀足为单序横带。

卵 椭圆形，长约 1 毫米，米黄色至棕褐色，孵出后变为透明。

幼虫 体长 17～35 毫米，初孵幼虫紫黑色，随虫龄的增长色泽变为紫红色，头部深褐色。体上着生白色细毛。前胸硬皮板黄褐色。前半部有 1 个黑褐色近长方形斑，后缘有黑色齿状突起 4 列，形如锯齿状。臀板黑褐色。

  蛹 体长 16～27 毫米，褐色有光泽，第二节至第七节腹节背面各具 2 条隆起，腹末具刺 6 对。

咖啡木蠹蛾

五、生活史和习性

  该虫一年发生 1～2 代。以幼虫在被害部越冬，翌年 3 月上旬越冬幼虫开始活动取食。4 月中下旬开始化蛹盛期，5 月中旬成虫交尾产卵。6 月幼虫高峰期，8 月又化蛹，10 月又出现幼虫。根据室内饲养及田间观察表明，其卵期 9～15 天，幼虫期 60～70 天，蛹期 3～37 天，成虫期 3～7 天。

  成虫昼伏夜出，有趋光性。羽化后不久即交配产卵，卵块产于皮缝和孔洞中，产卵期 1～4 天，产卵时间持续约 36 小时，存活约 1 个月。未经过交配的雌虫也能产卵，但产卵量不多。

  初孵幼虫群集卵块上方取食卵壳，2～3 天后爬到枝干上吐丝下垂扩散，自树梢上方的腋芽蛀入，经过 5～7 天后又转移为害较粗的枝条，幼虫蛀入时先在皮下横向环蛀一周，然后钻成横向同心圆形的坑道，沿木质部向上蛀食，每隔5～10厘米向外咬一排粪孔，被害枝梢上部通常干枯。初孵幼虫粪便为粉末状，黄白色，2龄后幼虫粪便为圆柱形，黄褐色至黑褐色，粪便大小与虫龄有关。

老熟幼虫化蛹前，吐丝缀合碎屑，两端虫粪堵塞孔口，然后在隧道中化蛹，中间有层较薄的隔膜，这是被咬得很薄的树皮形成的。

六、防治方法

1. 农业防治

加强水肥管理，适时施肥、浇水，及时排涝、除草、松土、复壮树势，提高树木自身对害虫的抵抗力；在秋冬季必须经常深入园中检查，发现有排粪出来的孔洞，应及时齐地剪除，并将剪除的被害枝条烧毁（黎健龙等，2020）。

2. 物理防治

可采用耐晒塑料薄膜包裹主干，隔离害虫，防止为害；在成虫盛发期，利用成虫对光及食诱剂的趋性，在种植园安装天敌友好型杀虫灯，也可悬挂糖酒醋液或蜂蜜20倍稀释液水盆诱捕器，诱杀成虫，还可用性诱剂诱捕器。据报道，一只杀虫灯可控制15～20亩林分，安徽宁国市山核桃园使用第一年，枝条被害率可降低35%～55%（朱广奇和龚巧枝，2005）。

3. 生物防治

减少化学农药的施用次数，以保护田间的寄生性和捕食性天敌，如利用咖啡木蠹蛾寄生性天敌小茧蜂（*Bracon* spp.）等进行生物防治，可降低成本及减少农药污染。黄银本（2001）研究表明，经生物放蜂防治后，木蠹蛾对荔枝株为害率下降5个百分点，茧蜂寄生率为22.2%，比无放蜂对照组4.1%约增加18个百分点。可使用白僵菌（*Beauveria bassiana*）菌液防治木蠹蛾幼虫，实验室悬浮液测试结果显示，致死率可达100%，田间应用也显示了其较高的致死率（Sudarmadji，1990）。此外，种植园中间可种植台湾相思、托叶楹等景观树，工作道可种植女贞、阴香树等招引寄生蜂、鸟类，充分发挥自然天敌的控制作用。

4. 化学防治

尽量选择在低龄幼虫期防治，此时虫口密度小，为害小，且虫的抗药性相对较弱。有研究表明，利用20%三唑磷乳油剂1500倍稀释液，对喷药前7天内孵化已蛀枝干的幼虫和喷药后10天内蛀入枝干的幼虫毒杀致死率均达到达85%以上（潘蓉英等，2003）。Ahmad（2017）介绍了巴基斯坦一种防控咖啡木蠹蛾的化学方法，即在蛀道内放置一种名为"Odonil"的化学物质，并用添加了该物质的泥浆封闭孔洞。另外，一些常用药剂也可以用于咖啡木蠹蛾的防治。例如，Bt制剂（苏云金杆菌制剂）300～500倍液、0.6%苦参碱乳油1000～1500倍液、2.5%鱼藤酮乳油300～500倍液、45%丙溴辛硫磷（国光依它）1000倍液、国光乙刻（20%氰戊菊酯）1500倍液＋乐克（5.7%甲维盐）2000倍混合液或40%啶虫毒（必治）1500～2000倍液喷杀幼虫，可连用1～2次，间隔7～10天。可轮换用药，以延缓抗性的产生。使用时要严格掌控防治指标。必要时可用脱脂棉蘸联苯菊酯等塞进虫孔后泥封或用药剂湿泥封洞。

柑橘臀纹粉蚧

柑橘臀纹粉蚧 [*Planococcus citri* (Risso)] 寄主范围广泛，可达 83 科 239 种。我国报道的寄主有 41 科 85 种（张江涛，2018）。该虫分布十分广泛，世界范围内约有 112 个国家及地区均有分布，主要以吸食植物汁液为食，是一种重要的农林害虫。

一、分类地位

该虫属半翅目（Hemiptera）蚧总科（Coccoidea）粉蚧科（Pseudococcidae）臀纹蚧属（*Planococcus*）。

二、分　布

在国外主要分布在阿富汗、阿尔及利亚、安哥拉、安提瓜和巴布达、阿根廷、亚美尼亚等国；在我国主要分布在北京、福建、广东、广西、海南、河北、河南、湖北、湖南、江苏、辽宁、内蒙古[①]、宁夏[②]、陕西、上海、山西、四川、天津、西藏、新疆[③]、云南、浙江、香港、台湾等省（区、市）。

三、为害特点

可为害咖啡嫩梢、嫩枝、叶、浆果、茎等。常群集在叶柄、枝叶交叉处吸

① 内蒙古自治区，全书简称内蒙古。
② 宁夏回族自治区，全书简称宁夏。
③ 新疆维吾尔自治区，全书简称新疆。

食汁液。叶受害时，造成变黄枯萎。该虫排泄的蜜露可引发煤烟病，影响咖啡的光合作用，严重影响咖啡生长（白学慧等，2020）。果蒂受害时，可引起落果。

柑橘臀纹粉蚧为害症状

四、形态特征

成虫 雌成虫体长约 4 毫米，宽约 2.8 毫米。体多呈椭圆形，也有宽卵形者。活虫体色通常为粉红或绿色，体外被白色粉状蜡质分泌物。体缘有 18 对白色蜡质细棒呈辐射状伸出，其中腹部末端最后一对蜡棒最大。触角 8 节，各节均较细长，其各节长度不同，一般情况下第二、第三节以及顶端节较长。喙发达，常位于前足基节之间。后足基节和股节常具有透明孔。背裂很发达，其裂唇常硬化。腹裂 1 个，大而明显，呈长方形。肛环椭圆形，具 2 列孔，外缘孔常为不规则的圆形，内缘孔常为卵圆形。肛环刺 6 根。臀瓣发达，臀瓣腹面具 1 条长形硬化纹，其顶端生有 1 根臀瓣刺和 3～5 根长短不一的刺毛。多孔腺在腹部各节腹板上形成横列或横带。管状腺有时可分为两种大小，其中大管状腺数量很少，有的个体缺失；如有大管状腺，常在背面腹部边缘 1～4 腹节的每个刺孔群附近，或某一个刺孔群附近具 1 个大管状腺；小管状腺在体腹面，特别是腹部腹板上数量较多，并且在前足基节和体缘之间常有分布。

在近前胸气门附近也有成群的管状腺；在腹部 1～3 节腹板边缘管状腺不规则地形成小群，并在腹部第四至六节腹板上，在多孔腺上方形成横列，在腹部第四至第六节腹板边缘也有成群的分布。刺孔群 18 对，皆由 2 根刺和若干三孔腺组成。刺孔群中的刺较细，除第十六、第十七、第十八对刺孔群的刺较粗大外，其他刺孔群中的刺常具毛状顶端，有时刺孔群着生在不大的小丘状突起上。

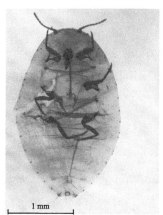

柑橘臀纹粉蚧雌成虫形态特征

五、生活史

柑橘臀纹粉蚧一年可发生 3 代，主要以受精雌成虫和部分带卵囊成虫在叶丛顶梢的叶柄基部、枝干分叉处、裂缝等隐蔽场所越冬。翌年 4 月中旬越冬雌成虫开始产第一代卵，产卵一直延续到 6 月上旬，盛期在 4 月底至 5 月上旬；越冬卵 4 月中旬开始孵化。第一代若虫期为 4 月中旬至 6 月下旬。第一代成虫始见于 5 月下旬，羽化盛期在 6 月中下旬。6 月上旬至 7 月下旬陆续出现雄茧、蛹和雄成虫并继续繁殖第二、第三代，至 11 月中下旬开始以雄成虫或带卵囊雌成虫越冬。常年均可见该虫为害咖啡，6—9 月发生最为严重，雌成虫和若虫不固定生活，终生均能活动爬行。

六、防治方法

1. 农业防治

加强栽培管理，及时进行修枝整形。因蚂蚁喜食柑橘臀纹粉蚧的分泌物，通常蚂蚁会保护柑橘臀纹粉蚧免受捕食和寄生性天敌侵害。因此驱除蚂蚁是有效控制该虫的方法。

2. 生物防治

减少化学农药的施用次数，以保护田间的寄生性和捕食性天敌。在巴西咖啡种植园中已经报道的柑橘臀纹粉蚧的天敌：捕食性天敌主要集中在脉翅目（Neuroptera）草蛉科（Chrysopidae）、双翅目（Diptera）食蚜蝇科（Syrphidae）、双翅目（Diptera）长蛉科（Dolichopodidae）和鞘翅目（Coleoptera）瓢虫科（Coccinellidae）；寄生性天敌主要有 *Coccidaxenoides perminutus*、*Leptomastix dactylopii* 和 *Anagyrus* spp.；可开发用于生物防治的病原真菌包括蜡蚧轮枝菌（*Lecanicillium lecanii*）和枝孢菌（*Cladosporium* sp.）真菌（Rodrigues-Silva et al.，2017）。在我国，黄胸小瓢虫（*Scymnus* spp.）为柑橘粉蚧类害虫的重要捕食天敌。黄胸小瓢虫喜食柑橘粉蚧幼虫每头成虫，每天可捕食柑橘粉蚧幼虫1～11头，平均3.5头，且黄胸小瓢虫抗饥饿性强，没有食物可存活3.5～8天，保证了黄胸小瓢虫生存能力（韦党杨和赵琦，1998）。

3. 化学防治

该虫初发期可采用高氯聚酯、甲维盐、噻虫嗪、阿维菌素、吡虫啉等杀虫剂进行防治。在低龄虫期，采用10%吡虫啉可湿性粉剂2000倍液灌根，防治效果最好（郭俊等，2014）。另外，还可以开发一些新型的高效低毒的杀虫剂。例如，Holtz（2016）报道了麻疯树提取物对柑橘臀纹粉蚧的影响，发现几种浓度提取物对柑橘臀纹粉蚧的致死率均达91.6%。

双条拂粉蚧

双条拂粉蚧 [*Ferrisia virgata* (Cockerell)] 又称丝粉蚧、条拂粉蚧、橘腺刺粉蚧、大长尾介壳虫，其寄主达 189 种以上，主要包括葫芦科（Cucurbitaceae）、豆科（Leguminosae）、芭蕉科（Musaceae）、桃金娘科（Myrtaceae）、棕榈科（Palmae）、茜草科（Rubiaceae）、芸香科（Rutaceae）及茄科（Solanaceae）中的一些重要经济作物（李伟才等，2012）。该虫在世界的分布范围非常广，大约 74 个国家或地区都有分布，是一种重要的农林害虫。

一、分类地位

该虫隶属于半翅目（Hemiptera）蚧总科（Coccoidea）粉蚧科（Pseudo-coccidae）丝粉蚧属（*Ferrisia*）。

二、分　布

国外主要分布于非洲、东南亚（泰国、菲律宾、马来西亚等）、美国夏威夷和加利福尼亚等热带与亚热带地区；我国长江以南部分省份有分布，集中于海南（三亚、乐东、陵水、东方、昌江、临高）、广东、广西、云南、福建、台湾等地。

三、为害特点

双条拂粉蚧主要以雌成虫和若虫聚集在嫩枝、叶片刺吸为害，初孵若虫从卵囊下爬出，固定在叶片和嫩枝吸食汁液造成咖啡叶片变黄枯萎、脱落，树枝干枯，并且可排泄蜜露诱发煤烟病，影响树体的光合作用，且粉蚧类害虫一般会产生白色蜡粉和丝状物，招致蚂蚁大量啃食（白学慧等，2017）。另外，该虫还是非洲可可树肿枝病毒（Cacao swollen shoot virus, CSSV）（Ameyaw et al., 2014）和槟榔黄化病毒（Zhang et al., 2022）的重要传播媒介。

双条拂粉蚧为害症状

四、形态特征

成虫 雌成虫体长椭圆形，长 3.0～3.5 毫米，宽 2.0～2.5 毫米，体表覆盖白色粒状蜡质分泌物，背部具 2 条黑色竖纹，无蜡状侧丝，仅尾端具 2 根粗蜡丝（长约为虫体一半）和数根细蜡丝。触角 8 节，端节最长，全长 483.57～541.03 微米；各节长度：第一节为 51.85～58.42 微米，第二节为 69.33～75.74 微米，第三节为 72.51～78.51 微米，第四节为 54.85～ 62.35 微米，第五节为 43.92～49.48 微米，第六节为 52.81～61.32 微米，第七节为 40.24～45.80 微米，第八节为 98.06～109.41 微米。眼呈锥状位于触角基部后。口器发达。足粗大，后足基节长 112.42～134.83 微米，后足转节＋腿节长 301.14～368.48 微米，后足胫节＋跗节长 364.34～382.85 微米，后足基节和胫节有一些透明孔，爪下无齿。腹脐 1 个，位于第三、第四腹节腹板间，其侧节间褶明显。尾瓣宽突，腹面有小硬化条，端毛长 232.23～241.84 微米，亚端毛长 82.48～98.47 微米。肛环在体末，宽 232.23～41.84 微米，其上有 2 列环孔和 6 根长环毛，每根长 232.23～241.84 微米。刺孔群仅末对，有 2 根粗锥刺，2～3 根附毛及 1 群三格腺。三格腺在背、腹面密布，但体背在胸、腹部和亚中区的胸区腹面有裸区。多格腺仅在腹部腹面的阴门附件，数目仅 30 个左右。管腺在腹部亚缘区成带。

双条拂粉蚧雌成虫

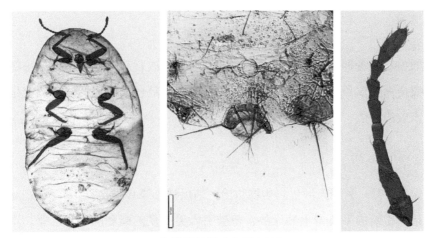

双条拂粉蚧雌成虫形态特征

五、生活习性

双条拂粉蚧常聚集在比较荫蔽和高湿的地方，若虫在母体附近活动。3 龄若虫、成虫体外背有白色绵状物。附近常伴有蚂蚁取食其分泌的蜜露，部分个体受惊扰后向外扩散或随风传播。卵单产，若虫 3 龄，根据不同温度雌虫若虫期 43.2～92.6 天，雄虫若虫期约 25.4 天。雌成虫寿命 12～31 天。产卵量 64～78 头，卵期仅 2.11～2.62 小时。

六、防治方法

1. 植物检疫

进行植物检疫，加强对外来双条拂粉蚧寄主植物的检疫，该虫寄生在植物表面，具有分泌粉状蜡质和玻璃细丝的特点，只要在检验检疫时注意观察，很容易在寄主植物（水果、苗木等）表面找到该虫。火龙果等亚热带水果携带此虫的可能性很大，相关管理部门，如广西出入境检验检疫局已经要求口岸检验检疫部门加强现场检疫查验工作力度，做好检疫处理工作，有效地防止境外双条拂粉蚧疫情。

2. 农业防治

加强栽培管理，及时进行修枝整形。因蚂蚁取食双条拂粉蚧的分泌物，通常蚂蚁会保护双条拂粉蚧免受捕食性和寄生性天敌侵害。因此驱除蚂蚁是有效控制该虫的方法。

3. 生物防治

保护天敌，利用天敌进行生物防治。刻顶跳小蜂（*Aenasius advena Compere*）是双条拂粉蚧的主要寄生性天敌，曾被引入美国夏威夷和加利福尼亚，用来防治当地的双条拂粉蚧，并在夏威夷取得了部分成功（祖国浩等，2019）。另外，Wu 等（2014）研究发现孟氏隐唇瓢虫（*Cryptolaemus montrouzieri*）也是一种具有较好生物防治潜力、可以进一步用于开发利用的天敌。

4. 化学防治

该虫初发期可采用高氯聚酯、甲维盐、噻虫嗪、阿维菌素、吡虫啉等杀虫剂防治。采用 25% 噻嗪酮可湿性粉剂 1000 倍液、22.4% 螺虫乙酯悬浮剂 3000～4000 倍液或高效氯氟氰菊酯 1000 倍液在发生地区喷施杀虫，每隔 10 天喷施一次，喷施 3 次。

美洲斑潜蝇

美洲斑潜蝇（*Liriomyza sativae* Blanchard）是一种危害十分严重的检疫性害虫，其特点是分布广、传播快、防治难。美洲斑潜蝇分布十分广泛，在世界上 39 个国家及地区均有分布。在我国，1994 年在海南首次发现。该虫的已知的寄主植物有 14 科 45 属 100 余种植物，其中以葫芦科（Cucurbitaceae）、豆科（Leguminosae）、茄科（Solanaceae）最为重要，代表性植物有香瓜、黄瓜、西葫芦、木豆、豇豆、茄子、番茄、马铃薯等。此外，还有报道称在茜草科（Rubiaceae）、菊科（Compositae）、大戟科（Euphorbiaceae）、伞形科（Umbelliferae）、唇形花科（Labiatae）、锦葵科（Malvaceae）、辣木科（Moringaceae）、西番莲科（Passifloraceae）、车前科（Plantaginaceae）中的植物中也有发现。在咖啡植株上，该虫主要为害小粒咖啡。

一、分类地位

该虫属于双翅目（Diptera）潜蝇科（Agromyzidae）斑潜蝇属（*Liriomyza*）。

二、分　布

在国外主要分布在阿曼、津巴布韦、加拿大、墨西哥、美国、安提瓜和巴布达、巴哈马、巴巴多斯等国；在我国主要分布在海南、广东、广西、云南、四川、山东、北京、天津等 28 个省（区、市）。

三、为害特点

美洲斑潜蝇成虫、幼虫均可为害植物叶片，常会导致叶片光合能力锐减，叶片过早脱落或枯死。幼虫会潜入叶片，在上表皮和下表皮之间的叶肉组织内，产生先细后宽不规则蛇形弯曲或盘绕的白色虫道，虫道内有交替排列整齐的黑色虫粪。一般是一虫一道，老熟幼虫一天潜食 3 厘米左右。成虫则在叶片正面取食，雌成虫还会用产卵器刺伤植物叶片产卵，形成针尖大小近圆形的刺伤"孔"，刺伤"孔"初为浅绿色，后变白色，仔细观察肉眼可见。成虫交叉取食，还可以传播某些病毒。斑潜蝇为害后，叶绿素被破坏，影响光合作用，导致植物生长缓慢，发育不良。叶片中的幼虫多时，白色虫道连在一起，整个叶片发白，叶片脱落，空气湿度大时叶片腐烂，严重的造成毁苗。该虫为害情况受栽培品种、海拔及郁闭度的影响不大，但整体为害情况通常比较严重，为害率常超过 50%。

美洲斑潜蝇为害咖啡叶片

四、形态特征

成虫　体长 1.3～2.3 毫米，体背面灰黑色，腹面黄色。头部额区略突出于复眼上方。触角和颜面亮黄色，复眼后缘黑色，外顶鬃常生于黑色区，越近上侧额区暗色越淡，近内顶鬃基部色变褐色，内顶鬃多位于暗色区或黄色区，具 2 根上侧鬃和 2 根下侧鬃，后者较弱。中胸背板亮黄色，背中鬃 4 根，第三和第四根较弱，第一和第二根的距离为第二和第三根距离的两倍，第二、第三和第四根的距离几乎相等，中鬃排列成不规则的 4 列。中胸侧板黄色，有一变异的黑色区。侧板具 1 个大的黑色三角形，其上缘常具宽的黄色区。小盾片鲜黄色。翅长 1.3～1.7 毫米，M3+4 脉前段长度为基段的 3～4 倍，该特征是与南美斑潜蝇相区别的关键所在（后者为 2～2.5 倍）；腋瓣黄色，缘毛色暗。足的腿节和基节黄色，胫节和跗节色较暗，前足为黄褐色，后足为黑褐色。

卵　椭圆形，大小为（0.2～0.3）毫米×（0.1～0.15）毫米，米色，稍透明，肉眼不易发现。

幼虫　蛆形，分为 3 个龄期，1 龄幼虫几乎是透明的，2～3 龄变为鲜黄色，老熟幼虫可达 3 毫米，腹末端有 1 对形似圆锥的后气门。

蛹　椭圆形，大小为（1.3～2.3）毫米×（0.5～0.75）毫米，腹部稍扁平，初化蛹时颜色为鲜橙色，后逐渐变暗黄。后气门三叉状。

五、生活史和习性

该虫在南方温暖和北方温室条件下，全年都能繁殖，一年可发生 10 多代，夏季完成一个世代仅需 15～30 天。为害的高峰期在春季至初夏和秋季，以秋季为重，冬季渐下降。雌虫以产卵器刺伤叶片产卵于表皮下，卵经 3～5 天孵化为幼虫，幼虫在叶内潜道取食，每叶潜道 25～70 条，幼虫经 4～7 天后咬破叶表皮在叶外或土表层化蛹，蛹期 5～12 天。成虫具有趋光、趋绿和趋化性，对黄色趋性更强。有一定飞翔能力。成虫吸取植株叶片汁液；卵产于植物叶片叶肉中；初孵幼虫潜食叶肉，主要取食栅栏组织，并形成隧道，隧道端部略膨大；老龄幼虫咬破隧道的上表皮爬出隧道外化蛹。主要随寄主植物的叶片、茎蔓，甚至鲜切花的调运而传播。

六、防治方法

1. 植物检疫

严格检疫，禁止从疫区输入带虫的苗木，来自疫区的其他重要寄主的繁殖材料，在输入的前 3 个月，经每个月检查无此类害虫后方可输入。若有此类害虫则退回或销毁处理。

2. 农业防治

在美洲斑潜蝇为害严重的地区，要考虑作物布局，把美洲斑潜蝇为害的作物和不为害的作物进行套种或轮作。适当施肥，增加田间通透性。收获后及时清理田园，把被美洲斑潜蝇为害的作物残体集中深埋或烧毁。

3. 物理防治

依据其趋黄习性，利用黄板诱杀（阚跃峰等，2019；田帅，2018）。在成虫始盛期至盛末期，采用灭蝇纸诱杀成虫，每亩设置 15 个诱杀点，每个点放置 1 张诱蝇纸诱杀成虫，3～4 天更换一次。

4. 生物防治

保护利用天敌。美洲斑潜蝇天敌有 17 种（田帅，2018），主要的寄生性天敌有姬小蜂（*Diglyphus* spp.）、反颚茧蜂（*Dacnusin* spp.）、潜蝇茧蜂（*Opius* spp.）等（卢传权等，1997）。在不用药的情况下，寄生蜂天敌寄生率可达 50% 以上。

5. 化学防治

尽可能掌握好适期防治。由于该虫的卵期短、高龄幼虫的抗药性强，因此可选择在成虫高峰期至卵孵化盛期用药或在初龄幼虫高峰期用药。50% 灭蝇胺可湿性粉剂对美洲斑潜蝇幼虫具有很好的防治效果，由于灭蝇胺属于昆虫生长调节剂类农药，毒性低，且害虫不易产生抗性，可优先考虑使用。另外，可根据环境和时期的具体情况，采用作用机制不同的药剂交替使用，延缓抗性的产生（田帅，2018）。防治幼虫，要抓住幼虫食叶初期、叶上虫体长约 1 毫米时打药。防治成虫，宜在早上或傍晚成虫大量出现时喷药，要着重喷中下部叶片。防治时尽可能优先考虑使用无污染或污染轻的农药，如抗生素类农药1.8% 虫螨光乳油 2000～3000 倍夜、保幼激素类的 5% 氟虫脲乳油或植物性农药 6% 绿浪水剂 1000 倍液喷雾。此外，还有很多化学农药可考虑作为应急防治药剂，如 48% 乐斯本乳油 1000 倍液喷雾可取得较好防效（田帅，2018）。

咖啡果小蠹

咖啡果小蠹（*Hypothenemus hampei* Ferrari）是一种世界性的害虫，几乎在世界所有种植咖啡的国家中均有发现。主要寄主为咖啡属植物的果实和种子，如咖啡、大咖啡等。此外，曾在灰毛豆属（*Tephrosia* spp.）、野百合属（*Crotalaria* spp.）、距瓣豆属（*Centrosema* spp.）、云实属（苏木属）（*Caesalpinia* spp.）和银合欢（*Leucaena glauca*）的果荚；木槿属（*Hibiscus* spp.）、悬钩子属（*Rubus* spp.）和一些豆科植物（如菜豆属）的种子；*Vitis lanceolaria*（葡萄属一种）、*Ligustrum pubinerve*（女贞属一种）和酸豆（*Dialium lacou*）的果实中有发现。该虫最早于1867年在法国的咖啡贸易中被注意到，并于1901年在中非加蓬境内田间观察到。此后，很多国家如乌干达、肯尼亚、马来西亚、印度尼西亚、斯里兰卡、哥伦比亚、牙买加和尼加拉瓜等先后检测到该虫。我国于1985年在海南海口口岸首次截获到咖啡果小蠹，之后在各个口岸多次截获。该虫主要为害成熟的果实及种子，目前被列入我国进境植物检疫性有害生物名录。

一、分类地位

该虫属鞘翅目（Coleoptera）小蠹科（Scolytidae）咪小蠹属（*Hypothenemus*）。

二、分　布

咖啡果小蠹分布十分广泛，在世界上58个国家及地区均有分布，如沙特阿拉伯、苏丹、塞拉利昂、利比亚、加那利群岛、塞内加尔、几内亚、科特迪瓦等；在我国主要分布在海南各咖啡园区。

三、为害特点

咖啡果小蠹是咖啡种植区严重为害咖啡生产的害虫，该虫以雌成虫在咖啡果实端部钻孔，蛀入果内产卵为害。幼果被蛀食后引起真菌寄生，造成腐烂、青果变黑、果实脱落，严重影响产量和品质，直接造成咖啡果的损失。不同咖啡品种受危害程度不一致，其中，中粒种咖啡（*Coffea canephora*）受害较重，而高种咖啡（*C. excelsa*）和大粒种咖啡（*C. liberia*）则受害较轻。据报道，该虫为害在巴西造成的损失有时可达 60%～80%；在马来西亚咖啡果被害率曾达 90%，成熟的果实被害率达 50%，导致田间减产达 26%；在科特迪瓦咖啡果受害率曾达 50%～80%；在扎伊尔的斯坦利维尔，青果受害率曾达 84%；在乌干达咖啡果受害率曾达 80%。

咖啡果小蠹为害咖啡果实

咖啡果小蠹为害成熟的咖啡果实和种子

四、形态特征

成虫　雌成虫体长约 1.6 毫米，宽约 0.7 毫米，暗褐色到黑色，有光泽，体呈圆柱形。头小，隐藏于半球形的前胸背板下，最大宽度为 0.6 毫米。眼肾形，缺刻甚小。额宽而突出，从复眼水平上方至口上片突起有一条深陷的中纵沟。额面呈细而多皱的网状。在口上片突起周围几乎变成颗粒状，大颚三角形，有几个钝齿。下颚片大，约有 10 根硬鬃，在里面形成刺。下颚须 3 节，长 0.06 毫米，第三节稍长。额为 0.08 毫米 ×0.06 毫米。下唇须 3 节。触角浅棕色长 0.4 毫米，基节 0.19 毫米，鞭节 5 节，长 0.09 毫米，锤状部 3 节。胸部有整齐细小的网状小鳞片，前胸发达，前胸背板长小于宽，长为宽的 0.81 倍，背板上面强烈弓凸，背顶部在背板中部；背板前缘中部有 4～6 枚小颗瘤，背板瘤区中的颗瘤数量较少，形状圆钝，背顶部颗瘤逐渐变弱，无明显的瘤区后角；刻点区底面粗糙，一条狭直光平的中隆线跨越全部刻点区，刻点区中生狭长的鳞片和粗直的刚毛。鞘翅上有 8～9 条纵刻点沟，鞘翅长度为两翅合宽的 1.33 倍，为前胸背板长度的 1.76 倍。沟间部靠基部一半刻点不呈颗粒状。第六沟间部的基部有大的凸起肩角；刻点沟宽阔，其中刻点圆大规则，沟间部略凸起，上面的刻点细小，不易分辨，沟间部中的鳞片狭长，排列规则。鞘翅后半部逐渐向下倾斜弯曲为圆形，覆盖到整个臀部，但活虫臀部有时可见。腹部 4 节能活动，第一节长于其他 3 节之和。足浅棕色，前足腔节外缘有齿 6～7个。腿节短，分为 5 节，前 3 节短小，第四节细小，第五节粗大并等于前 4 节长度之和。雄虫形态与雌虫相似，但个体较雌虫小，体长 1.05～1.20 毫米，宽 0.55～0.60 毫米。腹节末端较尖。

卵　乳白色，稍有光泽，长球形，0.31～0.56 毫米。

幼虫　乳白色，有些透明。体长 0.75毫米，宽 0.2 毫米。头部褐色，无足。体被白色硬毛，后部弯曲呈镰刀形。

咖啡果小蠹

蛹 白色，头部藏于前胸背板之下。前胸背板边缘有 3～10 个彼此分开的乳头状突起，每个突起上面有 1 根白色刚毛。腹部有 2 根较小的白色针状突起，长 0.7 毫米，基部相距 0.15 毫米。

五、生活习性

雌虫交配后，在咖啡果实的端部钻蛀一个孔，蛀入果内产卵。每头雌虫可产卵 30～60 粒，多者可达 80 粒。产卵后雌虫一直留在果内，直到下一代成虫羽化后才钻出。卵、幼虫、蛹均在果内完成发育，成虫羽化后钻出果实。卵期 5～9 天。幼虫孵出后在果豆内取食豆质。幼虫期 10～26 天，雌幼虫取食期约为 19 天，雄幼虫取食期为 15 天。蛹期 4～9 天，从产卵到发育为成虫共需 25～35 天，在 24.5℃时从卵到成虫平均为 27.5 天。雌虫羽化后几天仍留在豆内完成自身的发育，一般 3～4 天后性成熟，交尾后离开它发育的果实并蛀入另一果肉产卵，雌虫的数量总是占优势。该虫喜潮湿，90%～100% 的高湿度有利于成虫羽化。据在巴西和非洲几个国家的调查，遮光、潮湿的种植园，比干燥、露天的种植园受害程度要严重得多。大雨也可促进成虫从落果中羽化。该虫最适温度为 25～26℃。据了解，该虫发生在海拔 500～1000 米的咖啡园，海拔低于 500 米和高于 1000 米，估计发生率会下降。

六、防治方法

1. 加强检疫

对到达口岸的咖啡豆及其他寄主植物种子要严格检验，根据该虫蛀食果实的习性，查验有无蛀孔之果实，特别注意靠近果实顶部有无蛀孔，要剖查咖啡豆，检查内部是否带虫。对咖啡豆的外包装物同样要严格查验，发现虫情应连同包装物一起进行彻底灭虫处理。据报道用微波水煮法处理咖啡豆，3 分钟平均出虫率为 31.46%，6 分钟平均出虫率为 57.50%，9 分钟平均出虫率为 58.37%，此方法更加快捷、简单，适用于口岸的快速检验检疫（刘静远等，2004）。我国检疫部门针对咖啡果小蠹采取的主要处理方式为熏蒸法。常用的熏蒸剂有磷化铝、溴甲烷、二硫化碳、氯化苦等。其中，利用 56% 磷化铝（丸剂，国产）1.5 千克对体积为 72 立方米的咖啡豆进行熏蒸处理，在温度 28～30℃、相对湿度 80%～85% 条件下熏蒸 7 天，杀虫效率达 100%（陈志粦和刘镜清，1990）。日本的检疫部门采用的处理方法为溴甲烷熏蒸处理法。另外，使用伽马射线对咖啡果小蠹进行辐射，也可以抑制其发育，缩短成虫寿命；当辐射量高于 3.2 千戈瑞时，对咖啡果小蠹成虫致死率为 100%；当辐射量低于 0.2 千戈瑞时，致死作用不明显（Kiran et al.，2019；Kiran et al.，2020）。

2. 农业防治

及时和彻底采收咖啡果实。如果树上有适量的果，害虫一年可发生数代。在无鲜果时，成虫可在树上的受害果或地上落果中存活长达几个月，并转入侵害下一造果。因此，彻底采收，不留任何果在树上，并尽可能避免落果、清除落果，打断害虫的连续性是必要的。及时采收和彻底采收一样重要，因为发现在过熟的果中该虫繁殖较快，并导致传播源大量增加。咖啡采收后应完全清除树上的留果。采收时，在树下铺塑料纸或麻布能最大限度地减少落在地上的果。虽然，收集落果较费工，但会减少防治成本。中断害虫生活连续性的另一问题是由于不合时宜的降雨，使植物提前或推迟结果，这些果应及时清除，以保证正常结果。

恰当的农业生态措施。某些农业生态措施也被用来防治害虫。应避免咖啡园过度荫蔽，因为在高荫蔽环境中虫害更重。恰当修枝，改善通风透光条件对防治虫害有一定价值。植株太高不易采收，除去容易留果的高枝对于有效而经济地使用杀虫剂是必要的。受害果要烧毁或埋入深土中。在印度，印加树与咖啡树间作可以有效减少咖啡果小蠹的发生，还可以防止土壤侵蚀、改善有机质和降低温度，增强咖啡树势，有利于鸟类、捕食性昆虫（蚂蚁和甲虫）和寄生蜂等咖啡果小蠹天敌的生存，提高生物多样性（Rezende et al.，2021）。

3. 生物防治

很多国家已不同程度地成功地尝试了用拟寄生物 / 捕食动物和病原真菌防治咖啡果小蠹，如斯氏线虫（*Steinernema*）、异小杆线虫（*Heterorhabditis*）、垫刃属线虫（*Meta- parasitylenchus hypothenemi*）、*Prorops nasuta* Waterston（肿腿蜂科）、*Cephalonomia stepha-noderis* Betrem（肿腿蜂科）、球孢白僵菌（*Beauveria bassiana*）等（Jaramillo et al.，2005；Rosa et al.，2000；Guide et al.，2018；Castillo et al.，2019；Yousuf et al.，2021）。其中，*Phymastichus coffea* 的寄生率高（Yousuf et al.，2021），且具有特异性寄生的可能（Jaramillo et al.，2005），因此作为一种经典的生物防治剂已在 12 个国家被应用。尽管斯氏线虫（*Steinernema*）和异小杆线虫（*Heterorhabditis*）对咖啡果小蠹的防治效果能达到 75%～80%（Guide et al.，2018），但由于生产成本高，在防治咖啡果小蠹上并没有得到广泛应用。另外，在对咖啡果小蠹进行防治时，多杀菌素与球孢白僵菌联用比单独施用其中一种药剂具有更高的致死效应（Morales et al.，2019）。

4. 化学防治

当其他防治方法不足以达到防治要求时，使用杀虫剂是必不可少的，因为这是害虫综合治理措施中采取的最后手段。杀虫剂的选择、使用时间和所用剂型是影响杀虫剂防效的重要因素。20 世纪 90 年代前，硫丹一直是防治咖啡果小蠹的主要杀虫剂，但由于其残留量大、环境污染严重、咖啡果小蠹易出现抗性，已逐渐从市场退出。目前，生产上常用的杀虫剂有氰虫酰胺、氯虫酰胺、Voliam Targo（氯虫苯甲酰胺＋阿维菌素，先正达）、乙虫腈（拜耳）、Sperto（啶虫脒＋联苯菊酯，UPL）、Verismo（氰氟虫腙，巴斯夫）、多虫清（先正达），这些杀虫剂对咖啡果小蠹都有明显的防治效果，在田间施用时咖啡果小蠹的死亡率均高于 80%（Plata-Rueda et al.，2019 a，2019 b；Dieudilait et al.，2020）。另外，要达到最佳防效，喷雾时间是非常关键的。因为一旦成虫进入豆内，杀虫剂将会失去作用。因此，喷雾的最佳时间是成虫驻留果肉时。就浆果生长而言，喷雾大约在开花后一天最好。杀虫剂的使用应根据园内害虫的发生情况而定。

5. 采后防治

熏蒸剂可防治贮存期害虫的为害，如果设备适合，也可在园内大量采集后熏蒸。运输未达到干燥标准或未熏蒸过的咖啡，很可能把害虫带到其他地区。发送之前，熏蒸麻包可避免咖啡园交叉侵染。如果还想利用受害果，应在沸水中浸1分钟，杀死里面的害虫。已发现咖啡豆含水量低时该虫不能繁殖，因此加工过程中，咖啡应干燥至规定的含水量以下。

碧蛾蜡蝉

碧蛾蜡蝉（*Geisha distinctissima*），又名碧蜡蝉、黄翅羽衣，主要为害茶、油茶、柑橘、桃、李等，造成花落、减产，是农作物的重要害虫。

一、分类地位

该虫属半翅目（Hemiptera）蛾蜡蝉科（Flatidae）碧蛾蜡蝉属（*Geisha*）。

二、分　布

主要分布在我国山东、江苏、上海、浙江、江西、湖南、福建、广东、广西、海南、四川、贵州、云南等省（区、市）。

三、为害特点

成虫、若虫刺吸寄主植物枝、茎、叶的汁液，严重时枝、茎和叶上布满白色蜡质，致使树势衰弱，造成落花。

四、形态特征

成虫　体黄绿色，顶短，向前略突，侧缘脊状褐色。额长大于宽，有中脊，侧缘脊状带褐色。喙粗短，伸至中足基节。唇基色略深。复眼黑褐色，单眼黄色。前胸背板短，前缘中部呈弧形，前突达复眼前沿，后缘弧形凹入，背板上有 2 条褐色纵带；中胸背板长，上有 3 条平行纵脊及 2 条淡褐色纵带。腹部浅黄褐色，覆白粉。前翅宽阔，外缘平直，翅脉黄色，脉纹密布似网纹，红色细纹绕过顶角经外缘伸至后缘爪片末端。后翅灰白色，翅脉淡黄褐色。足胫节、跗节色略深。静息时，翅常纵叠成屋脊状。

卵　纺锤形，乳白色。

若虫　老熟若虫体长形，体扁平，腹末截形，绿色，全身覆以白色棉絮状蜡粉，腹末附白色长的绵状蜡丝。

碧蛾蜡蝉

五、生活史和习性

渐变态。一生有卵、若虫、成虫 3 个虫期。一年发生 1～2 代，以成虫或卵越冬。在福建一年只发生 1 代，而在广西则一年发生 2 代，第一代成虫发生在 6—7 月，第二代在 10 月下旬至 11 月。若虫在 3—4 月开始发生，直至 10 月下旬通常以卵越冬。卵多产在寄主树枝的嫩茎内，也有些种类产在植物表面。卵粒纵列成长条块，每块有卵几十粒至几百粒。若虫多数聚在植物的嫩枝上，外形一般和成虫相似而小，随龄期而逐渐增大。体扁平，通常体被蜡粉，腹末附绵状蜡质，常污染植物。具有负趋性，因此通常清晨在植株嫩叶背面取食，在阳光强烈时则躲进树丛中。成虫善跳能飞，遇惊即逃，但飞行能力较弱，只短距离飞行，具有趋光性。若虫及成虫均具有群集性（邓晗嵩，2007）。

六、防治方法

1. 农业防治

剪去枯枝、防止成虫产卵。加强咖啡园管理，改善通风透光条件，增强树势。出现白色绵状物时，用竹竿触动致使若虫落地捕杀。

2. 化学防治

相关资料显示，主要防治药剂为 48% 毒死蜱乳油 1000～1500 倍液、10% 吡虫啉可湿性粉剂 2000～3000 倍液、25% 噻嗪酮可湿性粉剂 1000～2000 倍液，喷雾防治。由于该虫被有蜡粉，药液中如能混用含油量 0.3%～0.4% 的柴油乳剂或黏土柴油乳剂，可显著提高防效。

咖啡盔蚧

咖啡盔蚧（*Saissetia coffeae* Walker），又名咖啡黑盔蚧、黑盔蚧、半球盔蚧、网球蜡蚧。既为害小粒种咖啡也为害中粒种咖啡，除咖啡外还有多种寄主，如吊兰、象牙红、龟背竹、山茶、棕榈、马蹄莲、米兰、君子兰、苏铁、栀子花、海棠、龙船花等。其若虫和成虫除了会吮吸植株汁液外，还会排泄蜜露，诱发植物煤烟病，造成植物长势衰弱、落花落果、枝条干枯或整株死亡，甚至造成大面积林木毁灭。

一、分类地位

该虫属同翅目（Homoptera）蚧总科（Coccoidea）坚蚧科（Didesmo-coccidea）黑盔蚧属（*Saissetia*）。

二、分　布

主要分布于我国山东、江苏、河北、新疆、广东、山西、贵州、辽宁、河南等地。

三、为害特点

以若虫、成虫在多种花木的小枝、嫩叶上刺吸植株汁液为害，受害处出现褐色油状点或黄色斑，还会排泄蜜露，诱发植物煤烟病。常局部性大量聚生在植株上为害，严重时覆盖叶面，严重消耗植株养分，造成植物长势衰弱、落花落果、枝条干枯或整株死亡。

四、形态特征

雌成虫　幼期和前期雌成虫扁平，浅黄或红色且有暗斑，此期体背常有"H"形纹。后期雌成虫半球形，直径约 2.5 毫米，高约 2 毫米，形似钢盔，黄褐至深褐色，虫。触角 7～8 节，足细长。

卵　长椭圆形，长约 0.21 毫米，初产时黄白色，渐变为橙黄色、红色。

若虫　初孵若虫椭圆形，浅粉红色或淡黄色，长 0.2 毫米，足细长，尾须很细，低龄若虫椭圆形，浅黄色，背面呈脊状并有沟，半透明。随龄期增加，背面渐增高，出现红褐色小点，并逐渐增多，体色变为浅红褐色。

咖啡盔蚧

五、生活习性

该虫一年发生 3 代。第一代初孵若虫 5 月下旬发生，第二代初孵若虫 8 月下旬发生，第三代 11 月上旬发生。雌成虫将卵产在盔形介壳下，每雌产卵 300 粒左右，无雄虫，常孤雌生殖，雌成虫产卵后即死亡。初孵若虫多栖息于嫩枝和叶背，第一代若虫固定后便分泌蜡质，约 10 天体覆透明薄蜡质层，约 1 个月虫体明显长大，后续逐渐膨大为半球形。

六、防治方法

1. 植物检疫

应严格进行检疫工作，从根源上减少和控制蚧的传入。

2. 农业防治

加强栽培管理，及时进行修枝整形。因蚂蚁喜食咖啡盔蚧的分泌物，通常蚂蚁会保护咖啡盔蚧免受捕食性和寄生性天敌侵害。因此驱除蚂蚁是有效控制该虫的方法。

3. 物理防治

人工剪除带虫枝叶，或刮刷叶片和枝条上的虫体，注意不要把嫩枝嫩芽碰掉，剪除带虫枝条后及时扫除落枝落叶，并集中销毁。

4. 生物防治

咖啡盔蚧的天敌种类多，数量众，是抑制该虫大发生的主要因素。在印度卡纳塔克地区，一种软蚧蚜小蜂（*Coccophagus cowperi*）对盔蚧的杀灭率达 44.82%～100%，平均为 82.78%，具有较好的开发利用前景（张诒仙，1989）。因此，减少或避免在天敌发生盛期使用农药，保护天敌的越冬场所，为天敌的生长和繁殖创造良好的条件是抑制该虫的重要措施。

5. 化学防治

在天敌发生盛期使用农药，保护天敌的越冬场所，为天敌的生长和繁殖创造良好的条件是抑制盔蚧的重要措施。采用药物防治时，在其若虫孵化不久，尚未形成蜡质壳时进行，可用氧化乐果乳油 1000 倍液、速扑杀 1000 倍液、蚧死净 500～800 倍液、90% 敌百虫晶体 1000 倍液、80% 敌敌畏乳油 1000 倍液或 2.5% 溴氰菊酯 2000～3000 倍液，一般连续喷洒 3 次，每次间隔 7～10 天效果较好。另外，要特别注意的是，盔蚧易对药物产生抗性，要掌握好农药的使用浓度并交替使用农药。

日本龟蜡蚧

日本龟蜡蚧（*Ceroplastes japonicas* Guaind）在中国分布极其广泛，食性杂，为害 100 多种植物，其中大部分属果树，如苹果、柿、枣、梨、桃、杏、柑橘、杧果、枇杷等。

一、分类地位

该虫属同翅目（Homoptera）蚧科（Coccidae）蜡蚧属（*Ceroplastes*）。

二、分　布

国外分布于日本、俄罗斯和东南亚一带；在我国主要分布于黑龙江、辽宁、内蒙古、甘肃、北京、河北、山西、陕西、山东、河南、安徽、上海、浙江、江西、福建、湖北、湖南、广东、广西、四川、贵州、云南等省（区、市）。

三、为害特点

该虫主要以取食植物汁液为主，繁殖速度快，繁殖数量多，3—4 月就开始取食。同时，它的排泄物还可诱发煤烟病，使植株密被黑霉，直接影响光合作用，并导致植株生长不良，发生严重时还会造成早期落叶，致使树势逐年衰弱，幼果大量脱落，造成严重减产。

日本龟蜡蚧为害咖啡枝条、叶片　　　　　　日本龟蜡蚧为害咖啡浆果

四、形态特征

成虫　雌成虫灰白色，壳背向上隆起，形似半球体，表面密被蜡质形成坚厚蜡壳；壳表面呈龟甲状，由1个中心板块和8个边缘板块组成，壳周围还有大量蜡质包围；壳长3～4.5毫米，宽2～4毫米，高1～2毫米；虫体卵圆形，长3～4毫米，黄红色至红褐色，触角6节，背部突起，腹面较平。雄成虫棕褐色，长1.5毫米左右，单眼4～10个，多为6个，交尾器短，呈针状。

卵　椭圆形，乳白色至深红色。

若虫　白色，扁平，长椭圆形，长0.20～0.35毫米，宽0.10～0.25毫米，体躯周围有蜡角13个。触角6节，足发达。

蛹　圆锥形，红褐色，长0.8～1.3毫米。

五、生活史和习性

营孤雌卵生和两性卵生。每雌产卵量为300～3100粒，产卵期较长，长达15～30天。一年1代，以受精后的雌成虫在枝条上越冬。翌年3—4月开始取食，4—5月陆续产卵。初孵若虫多寄生在叶子上，很少寄生于叶柄、嫩枝、树干上。在叶子上固定数小时后开始分泌蜡质，至半个月左右形成星芒状蜡被，40天左右雌雄若虫蜡被开始分化，雄性呈星芒状，雌性呈龟甲状。7月中下旬雌雄若虫外形开始分化。8—9月为蛹期，8月下旬至10月上旬羽化为成虫，同时期雌成虫移至枝条上固定为害。在植株中，虫体主要分布在树冠外围，尤以树冠下部、徒长枝、内膛枝上最多，而树冠内层较少。在果树混栽地区，日本龟蜡蚧可互相传播，这也给彻底防治带来相当大的难度。

六、防治方法

1. 农业防治

日本龟蜡蚧多发生在徒长枝、内膛枝上，因而剪去过密枝条、徒长枝、内膛枝等，增强植株的通风透光率，减少有利于日本龟蜡蚧的发生环境，可抑制日本龟蜡蚧的发生；增施有机肥及磷钾肥，增强果树植株的抗虫、抗逆能力。特别是在秋季要施1次有机肥，既满足翌年果树对养料的需求，也可增强植株的抗虫、抗逆能力；可结合植株修剪、整形剪去日本龟蜡蚧为害的枝条，也可在秋冬季结合松土、施基肥的机会，除去树干上的越冬雌虫。

2. 物理防治

在少许日本龟蜡蚧发生的时候，可立即人工抹杀，避免其大规模的扩散。也可用毛刷或竹片轻刮除去，底下用薄膜接住，然后集中销毁（可采用开水烫死等方法）。

3. 生物防治

使用生物农药既可保护天敌和其他昆虫，还对环境比较安全。日本龟蜡蚧产卵期，可在果树上喷苏云金杆菌、青虫菌等生物农药进行防治；日本龟蜡蚧的天敌比较多，如黑盔蚧长盾金小蜂、蜡蚧褐腰啮小蜂、蜡蚧食蚧蚜小蜂、闽奥食蚧蚜小蜂、食蚧蚜小蜂、黑色食蚧蚜小蜂、软蚧扁角跳小蜂、蜡蚧扁角跳小蜂、刷盾短缘跳小蜂、绵蚧阔柄跳小蜂、龟蜡蚧花翅跳小蜂、球蚧花翅跳小蜂、红点唇瓢虫、黑背唇瓢虫、黑缘红瓢虫、二双斑唇瓢虫、中华草蛉、丽草蛉等，利用自然界的这些益虫来防治日本龟蜡蚧，"以虫治虫"；可利用霉菌类生物防治药剂来防治日本龟蜡蚧，但此类药剂一般果农不太熟悉，也不易买到，而且价格较贵，可根据具体的环境和个人情况进行选用。

4. 化学防治

关键是要掌握施药时机，才能起到立竿见影的效果。避免长期施药，否则既污染环境，还造成日本龟蜡蚧产生抗药性。由于日本龟蜡蚧分泌的蜡质较多且厚，一般情况下化学药剂不能透过蜡壳，而在日本龟蜡蚧孵化初期、未分泌蜡质及刚形成蜡质时期施药效果最佳，因而选在日本龟蜡蚧孵化盛期施药最好。常用的杀虫剂有花保 100 倍液、2.5% 功夫菊酯乳油 2500 倍液、20% 灭扫利乳油 2500 倍液、48% 乐斯本 1000 倍液等。在选择化学药剂的过程中，尽量选择低毒、高效、无残留（或残留期短）的化学杀虫剂。

白蛾蜡蝉

白蛾蜡蝉（*Lawana imitata* Melichar）又名紫络蛾蜡蝉、青翅衣、白鸡，属同翅目蛾蜡蝉科，属多食性害虫，寄主广泛，包括柑橘、桃、李、梅、柚、梨、石榴、无花果、荔枝、龙眼、杧果、木菠萝、番石榴、茶、油茶、咖啡、杨桃、番木瓜、胡椒等。

一、分类地位

该虫属同翅目（Homoptera）蛾蜡蝉科（Flatidae）。

二、分　布

在我国主要分布在广西、广东、福建、云南、贵州、湖南、湖北、浙江、台湾等省（区）。

三、为害特点

成虫与若虫吸食嫩梢汁液，被害寄主生长不良，叶片萎缩而弯曲，重者枝枯果落，影响产量和质量。若虫期分泌白色蜡质，排泄蜜露，污染叶片及枝梢可诱致煤烟病，阻碍林木光合作用，影响林木的生长发育。成虫产卵在林木嫩梢、嫩枝皮层内，发生严重时对新梢组织造成损伤（李慧玲，2012）。

四、形态特征

成虫　体长 19～25 毫米，呈白色或淡绿色，体被白色蜡粉，头顶呈锥形突出；颊区具脊，复眼褐色，触角着生于复眼下方；前胸向头部呈弧形凸出，中胸背板发达，背面有 3 条细的脊状隆起；前翅近三角形，顶角近直角，臀角向后呈锐角，外缘平直，后缘近基部略弯曲；径脉和臀脉中段黄色，臀脉基部蜡粉较多，集中呈白点；后翅白色或淡绿色，半透明；后足发达，善跳跃。

卵　长椭圆形，淡黄白色，表面有细网纹；产卵于嫩梢和叶柄组织中，卵块呈长方形，每卵块有卵十几粒至二三十粒，孵化率高，容易成灾，可寄生于多种植物。

若虫　体长 7～8 毫米，稍扁平，胸部宽大，翅芽发达，翅芽端部平截；体白色，布满棉絮状的蜡状物，腹末端呈截断状，分泌蜡质较多。

五、生活史和习性

该虫在生长茂密、通风透光差的园林，夏秋季节的多阴雨期间发生较多。成虫与若虫性活泼，喜栖息于枝叶茂密处，在叶背嫩梢上为害，稍受惊即横行斜走，惊动过大时则起跳飞离，晴朗温暖天气活跃，早晨或雨天活动少。我国南方地区一年发生 2 代；主要以成虫在寄主茂密的枝叶间越冬（刘朝萍，2009）。越冬代成虫翌年 3 月开始活动取食，生殖器官随着取食而逐渐成熟，进行交尾产卵。3—6 月是越冬成虫为害期，成虫能做短距离飞行，卵集中产于嫩梢组织中，纵列成长方形条块。产卵痕开裂，皮层翘起；卵期为 40 天左右。若虫多在夜间孵化，若虫体稍扁平，翅芽末端平截，全体被白色蜡粉。第一代卵孵化盛期在 3 月下旬至 4 月中旬，若虫盛发于 4 月下旬至 5 月初，成虫始见于 5 月下旬，成虫羽化基本在白天，以 10—14 时最多，交尾多在 16—19 时进行，交尾时间 1 小时左右。第二代卵孵化盛期在 7 月下旬，若虫盛发期在 8 月上旬，9—10 月陆续出现成虫，9 月中下旬为第二代成虫羽化盛期，至 11

月所有若虫几乎发育为成虫，随着气温下降成虫转移到寄主茂密枝叶间越冬。第一代是主害代，主要为害当年春梢，第二代主要为害当年秋梢。若虫有群集性，初孵若虫常群集在附近叶背和枝条上取食。随着虫龄增大，略有分散，虫体上的白色蜡絮加厚；若虫善跳，受惊动时便迅速弹跳逃逸。成虫和若虫都喜欢吸食寄主汁液，特别是嫩梢、嫩叶的汁液，使茶梢生长不良，叶片萎缩弯扭。若虫取食时多静伏于嫩枝、新梢处，在每次蜕皮前移至叶背，蜕皮后返回嫩枝上取食。若虫体上蜡丝束可伸张，有时犹如孔雀开屏。成虫体披白色蜡粉，栖息时在树枝上往往排列成整齐的"一"字形（董文玲，2006）。夏秋两季阴雨天多、降水量较大时，害虫发生较严重。

六、防治方法

1. 农业防治

做好冬季清园及修剪工作，及时清除园内杂草、枯枝、枯叶。加强林木管理，结合修剪剪除病虫枝、枯枝、弱枝、徒长枝，并集中烧毁，增进园林间通风透光，降低阴湿度，防止虫源产卵。在果实定型后进行人工套袋，可减轻害虫对果实的为害，提高产品的质量和产量。

2. 物理防治

人工捕杀，成虫盛发期进行网捕，或在早晨露水未干时，因白蛾蜡蝉受水沾湿不能飞跳，用扫帚等把成虫或若虫扫落地面集中处理，也可减少下一代虫口数量。

3. 生物防治

保护利用天敌，充分发挥天敌的自然控制作用。园林中严禁猎鸟，在蜘蛛、瓢虫、草蛉、胡蜂等捕食性天敌发生较多时，尽量减少药剂的使用次数和使用量，保护利用好天敌，对控制白蛾蜡蝉具有较好的效果（李慧玲，2012）。

4. 化学防治

利用白蛾蜡蝉若虫初孵阶段有对农药较为敏感的特点，在若虫初孵盛发期进行用药。喷药时，仔细喷射树冠枝干后，注意喷杀受惊动后掉落在地面上的成虫。选用 48% 乐斯本乳油 800 倍液、10% 灭百可乳油 2000 倍液（因对蜜蜂高毒，避开花期使用）、10% 蚜虱净可湿性粉剂 3000 倍液或 90% 敌百虫晶体1000 倍液加 0.2% 洗衣粉防治，每隔 7 天喷一次，连喷 2 次。

咖啡根粉蚧

咖啡根粉蚧（*Planococcus lilacinus* Cockerell）又名咖啡紫蚧，主要为害咖啡根部，吸食植物汁液，影响开花结果，是咖啡上发生较普遍且为害较严重的一种毁灭性害虫。

一、分类地位

该虫属半翅目（Hemiptera）蚧总科（Coccoidea）粉蚧科（pseudococcidae）。

二、分　布

在国外分布于菲律宾、印度、非洲等咖啡主产区；在我国分布于台湾、广西、云南等省（区）。

三、为害特点

主要以若虫和雌成虫寄生在咖啡根部，起初在根颈部2～3厘米处为害，以后逐渐绵延到主根、侧根，吸食液汁，使植株早衰，叶黄，最后根部发黑腐烂。初期先在根颈2～3厘米深处为害，后虫体繁殖而逐渐蔓延遍布整个根系。到了严重期，常和一种真菌共生，菌丝体在根部外围结成一串串瘤庖，将咖啡根粉蚧包裹其中，借以掩护而大量繁衍，严重地消耗植株养料并影响根系发育，使植株早衰，叶黄枝枯。初期被害当年虽不致死，但翌年则日渐衰颓而不能正常开花结果，造成咖啡减产及品质变差；受害严重的主根及侧根霉烂脱落；到秋末冬初的干旱季节，整株凋萎枯死（邝炳乾，1965）。

四、形态特征

成虫　雌成虫呈椭圆形，除蜡毛外一般体长 2.5～3.0 毫米，宽 1.2～1.5 毫米，背稍隆起，体呈紫色，但背面密披白色蜡粉，只在节间处稀薄，故体节隐约可辨。其体边缘有短而粗的蜡毛 17 对，自头部至尾部愈向后愈长，以尾部蜡毛最长。触角丝状，共 8 节，全长 3.5 微米。足发达，淡黄色，能自由活动。体腹面腺堆共 18 对，堆上的锥形角刺除 C3 为 3～4 根和 C6 为 2～3 根外，其余皆为 2 根。肛环有明显质化环带，似马蹄形，上有长刺毛 6 根，两边相对排列。其余外体节上均稀布三孔腺及细毛。雄成虫，呈桃核形，黄褐色，长 1.0～1.3 毫米，宽 0.30～0.38 毫米，翅展 2.5 毫米。触角丝状，淡黄色，长 0.7 毫米，10 环节组成。活雄成虫尾端具有一对长蜡毛。

卵　椭圆形，紫色，散产，但常聚集成堆，有密盖白色蜡粉遮披掩护。

若虫　若虫初孵时为紫红色，外形和雌成虫相似，背扁平，没有蜡粉，以后随虫龄的增加而蜡粉增多，体边缘的蜡毛也随龄期增长而明显突出。

五、生活史和习性

以若虫在土壤湿润的寄主根部越冬，主要靠蚂蚁传播。翌春 3—4 月为第一代成虫盛期，6—7 月为第二代成虫盛期。世代更迭发生，一般完成一世代约经 60 多天，卵期 2～3 天，若虫期 50 天，雌成虫寿命 15 天，雄成虫 3～4 天。此虫一般喜在茸草及灌木丛生、土壤肥沃疏松、富含有机质和稍湿润的林地生活。

六、防治方法

1. 农业防治

加强栽培管理，及时进行修枝整形。因蚂蚁喜食咖啡根粉蚧的分泌物，通常蚂蚁会保护咖啡根粉蚧免受捕食性和寄生性天敌侵害。因此驱除蚂蚁是有效控制该虫的方法，可用50%敌敌畏乳油1000～1500倍液、90%晶体敌百虫500～1000倍液喷杀。咖啡根粉蚧的寄主范围很广，清理周边其他寄主或做好其他寄主感染的咖啡根粉蚧防治工作，消除虫源。

2. 物理防治法

利用蒸汽热处理法。Ren等（2022）研究表明利用49℃蒸汽热处理70分钟可全部杀灭寄主植物中的咖啡根粉蚧。使用伽马射线对咖啡根粉蚧进行辐射，也可以抑制其发育，缩短成虫寿命，最小的处理剂量为163.0戈瑞（Ma et al., 2022）。

3. 生物防治

开发利用天敌。Huang等（2021）报道利用1×10^8个孢子／毫升浓度的绿僵菌 [*Metarhizium anisopliae* (Metschn.)] 处理咖啡根粉蚧10天，其累计致死率可达93%。因此，绿僵菌具有较大的开发利用潜力。

4. 化学防治

定植时，用5%特丁磷（地虫灵）颗粒剂拌土施入植穴，每亩施用量2～3千克。乐斯本乳油是防治咖啡根粉蚧的高效农药。定植后，用30%乙酰甲胺磷乳油600倍液每株300～500毫升灌根。农药的合理混用具有扩大杀虫谱、提高药效、降低防治成本等优点。吡虫啉是新烟碱类杀虫剂，主要作用于昆虫烟碱乙酰胆碱受体（nAChRs），杀虫活性高，有良好的内吸性及一定的田间稳定性。氟啶虫胺腈杀虫谱与新烟碱类杀虫剂有所不同，对于已对新烟碱类杀虫剂产生抗药性的刺吸性昆虫，氟啶虫胺腈也具有较高的活性，被认定为全新Group 4C类杀虫剂中唯一成员。与新烟碱类以及其他已知类别杀虫剂均无交互抗性，对非靶标节肢动物毒性低，具有高效、广谱、安全、快速、残效期长等特点。实验发现，吡虫啉与氟啶虫胺腈联合作用能对咖啡根粉蚧发挥更好的防治作用。

咖啡黑枝小蠹

咖啡黑枝小蠹 [*Xylosandrus compactus* (Eichhoff)]，又名咖啡黑小蠹、楝枝小蠹、小滑材小蠹等。寄主主要有咖啡、可可、油梨、杧果和台湾相思等。中国于 20 世纪 70 年代在海南万宁首次发现其为害，主要为害中粒种咖啡，是咖啡生产的重要害虫之一。

一、分类地位

该虫属鞘翅目（Coleoptera）小蠹科（Scolytidae）足距小蠹属（*Xylosandrus*）。

二、分　布

在世界上主要分布于东亚、南亚、非洲东部；在中国主要分布于海南、广东、台湾等省份。

三、为害特点

咖啡枝干被咖啡黑枝小蠹钻蛀后，首先在侵入孔周围出现黑斑；而被蛀枝干是否枯死由其枝干大小及其所蛀坑道长度而定。坑道长度超过 3 厘米时，大约 15 天后叶片干枯，导致枝干枯死；直径较大的枝干，坑道长度不超过 3 厘米时，在入侵孔周围长出大量分生组织形成瘤状突起，而使枝干不致枯死，但多数也因后期果实的重量增加而被压折，严重影响咖啡的产量。嫩干被咖啡黑枝小蠹钻蛀后，一般不会导致嫩干枯死，但会影响树干水分及养分运输，导致后期植株早衰。

四、形态特征

成虫　雌成虫体长 1.6～1.9 毫米，宽 0.7～0.8 毫米，长椭圆形，刚羽化时为棕色，后渐变为黑色，微具光泽，触角锤状，锤状部圆球形。前胸背板半圆形，前缘有 6～8 个刻点排成 1 排；鞘翅上具较细的刻点，刚毛细而柔软；前足胫节有距 4 个，中后足胫节分别有距 7～9 个。雄成虫体小，长 0.7～1.1毫米，宽 0.35～0.45 毫米，红棕色，略扁平，前胸背板后部凹陷，鞘翅上具较细的刻点，刚毛较长而稀少。

卵　长 0.5 毫米，宽 0.3 毫米，初产时白色透明，后渐变成米黄色，椭圆形。

幼虫　老熟幼虫体长 1.3 毫米，宽 0.5 毫米，全身乳白色。胸足退化呈肉瘤凸起。

蛹　白色，裸蛹。雌蛹体长 2.0 毫米，宽 0.9 毫米；雄蛹体长 1.1 毫米，宽 0.5 毫米。

五、生活史和习性

咖啡黑枝小蠹每年发生 6～7 代。全年世代重叠，每个世代历期长短随季节而变化。在整个发生期，旬平均降水量、旬平均湿度变化对虫口数量上升与下降的变化趋势影响不明显，但温度能显著影响虫口数量，田间种群通常在 1 月中旬开始出现，2 月中旬后，随着旬平均温度的上升，虫口急剧增加，3 月中下旬为高峰期。高峰期后，随着旬平均温度的继续上升，虫口数量于 4 月下旬开始锐减，7—10 月田间虫口极少，11 月以后虫口逐渐回升并有受害枯枝出现。

咖啡黑枝小蠹主要以雌成虫钻蛀为害中粒种咖啡树，很少为害小粒种咖啡树。新羽化的成虫在侵入孔里的交配室内交配，雄成虫继续生活在原坑道内直至死亡，而雌成虫则自侵入孔飞出另找新的场所钻蛀新坑道，飞出时间多在

12—14 时。雌成虫有一定的飞行能力，但其扩散一般以爬行为主。雌成虫在原侵入孔附近枝条上不断咬破寄主表皮，待选择到适宜处便蛀一新侵入孔，并由此蛀进枝条髓部，然后纵向钻蛀形成坑道，此时不断有粉蛀状或粉末状木屑从侵入孔排出，侵入孔几乎全朝下；一般一头雌成虫钻蛀 1 条坑道，坑道内所有其他个体均为其后代。7～10 天后坑道钻蛀完成，与此同时成虫体上所带真菌孢子在坑道壁萌发出一层白色菌丝，作为幼虫和下代成虫的营养来源。

雌虫产卵于坑道内，卵成堆，产卵量与雌成虫在不同时期所钻蛀的坑道长短有关，在成虫生殖高峰期（3 月上旬至 3 月下旬）坑道长一般为 2～4 厘米，其中长度 3～4 厘米的占 80%，其产卵量多在 15 粒以上，最多达 40～50 粒；而在种群数量锐减阶段，坑道长一般为 1 厘米左右，产卵量 5 粒以下，个别达 9～10 粒。幼虫孵化后即取食坑道壁上菌丝，不再钻蛀新坑道，老熟幼虫即在坑道化蛹、羽化。在整个子代发育过程中雌成虫一直成活，守候在坑道直到子代大部分或全部化蛹，或个别新成虫羽化，老成虫才死亡或爬出坑道。

六、防治方法

1. 植物检疫

严禁从咖啡黑枝小蠹发生地引进种苗、接穗或插条；一旦发现引进的种苗、接穗或插条带有咖啡黑枝小蠹应焚烧或用化学药剂处理。

2. 农业防治

选择对咖啡黑枝小蠹抗性强的优良品种，培育健壮种苗，种苗质量应符合 NY/T 359《咖啡 种苗》的要求；及时清除咖啡园区周边野生寄主植物；园区附近不宜种植可可、杧果、油梨等其他咖啡黑枝小蠹寄主植物；适量施用磷钾肥，适当增施有机肥，合理灌溉，提高植株抗性；及时做好除草、修枝整形等田间管理工作，保持咖啡园田间卫生，具体按照 DB46/T 274《中粒咖啡栽培技术规程》规定执行；每月巡查 1 次，重点检查 1～2 年生的结果枝和嫩干，发现植株上有侵入孔、粉柱或粉末等被害状时，应及时采取物理防治或化学防治等措施处理；及时剪除呈为害状的枝条并带出园外集中烧毁或深埋。每年2月之前，结合冬春修枝整形清除受害枝条；对受害后上部枯死、内膛中空的植株进行截干复壮。在主干离地20～30厘米处截干，要求截口平滑、倾斜45°，并涂抹石灰膏、石蜡或油漆。树桩萌芽后，选留树桩上萌生的分布均匀、生长粗壮的2条直生枝作为新主干，及时抹除树梢上多余新芽及直生枝。新主干整形修剪按NY/T 922《咖啡栽培技术规程》的方法进行，其他后期管理按投产树进行。

3. 生物防治

保护、利用天敌，是咖啡黑枝小蠹田间防控的重要手段。在乌干达，Ogogol等（2017）报道一种广大头蚁（*Pheidole megacephala*）对虫道外咖啡黑枝小蠹的具有一定的控制效果，但不能进入虫道捕食；Egonyu等（2015）报道一种斜结蚁属（*Plagiolepis* spp.）的蚂蚁，在田间控制条件下，可以进入虫道，消灭所有不同生长阶段的咖啡黑枝小蠹，且自然条件下，该蚁类在虫道内的定殖率超过18%，具有较大的开发利用价值；Mukasa等（2019）分离到一株*Aspergillus flavus* L. 菌株，对咖啡黑枝小蠹的室内控害率为70%～100%，田间控害率为71%～79%，可以开发用于咖啡黑枝小蠹的生物防治。然而，目前在我国用于咖啡黑枝小蠹生物防治方法相对较少。

4. 化学防治

每年2—4月是为害高峰期，使用2.5%溴氰菊酯乳油1000倍液或48%毒死蜱乳油1000倍液进行喷雾，杀死坑道外活动的成虫，每隔7～10天喷施1次，连续喷药2～3次；从咖啡植株枝干的侵入孔注入48%毒死蜱乳油500倍液、1.8%阿维菌素乳油500倍液或2.5%高效氯氟氰菊酯乳油500倍液，并用黏土封堵侵入孔。每隔7天注药一次，连续注药2次。

咖啡吹绵蚧

吹绵蚧（*Icerya purchasi* Maskell）在热带及温带地域广泛分布，该害虫是多食性昆虫，在我国为害 80 余科 250 多种植物，主要为害芸香科、豆科、菊科、蔷薇科和茄科等植物。

一、分类地位

该虫属半翅目（Hemiptera）蚧总科（Coccoidea）。

二、分　布

在国外分布于日本、朝鲜、菲律宾、印度尼西亚、斯里兰卡，欧洲、非洲、北美洲也有分布。在我国分布于辽宁、河北、山东、安徽、陕西、四川、湖北、湖南、福建、广西、贵州等省（区）。

三、为害特点

吹绵蚧以若虫和雌成虫群聚集在植物的叶、芽及枝条上为害，使叶色变黄，枝条枯萎，果实大量脱落。其排泄物易导致煤烟病，使叶、枝、果污黑一片，光合作用减弱，枝势衰竭，提早落叶，轻则影响植物生长，重则导致植物死亡。

四、形态特征

成虫　雌成虫椭圆形或长椭圆形，橘红色或暗红色。体表面生有黑色短毛，背面被有白色蜡粉并向上隆起，背中央向上隆起较高，腹面则平坦。眼发达，具硬化的眼座，黑褐色。触角黑褐色，位于虫体腹面头前端两侧，触角 11 节，第一节宽大，第二和第三节粗长，从第四节开始直至第十一节皆呈念珠状，每节生有若干细毛，但第一节较长，其上细毛也较多。足 3 对，较强劲，黑色胫节稍有弯曲；爪具 2 根细毛状爪冠毛，较短。腹气门 2 对，腹裂 3 个。虫体上的刺毛呈毛状，沿虫体边缘形成明显的毛群。多孔腺明显分为两种类型，大小相差不多，较大的中央具 1 个圆形小室和周围 1 圈小室；较小的中央具 1 个长形小室和周围 1 圈小室。雌成虫初无卵囊，发育到产卵期则渐渐生出白色半卵形或长形的隆起的卵囊，很突出，不分裂，是一个整体，但有明显的纵行沟纹约 15 条，卵囊与虫体腹部约呈 45° 角向后伸出。

卵　长椭圆形，初产时橙黄色，后变为橘红色，长 0.7 毫米。包藏在卵囊内。

若虫　雌若虫 3 龄；雄若虫 2 龄。各龄若虫均为椭圆形；眼、触角和足均为黑色。初龄若虫体红色，触角 6 节，末端顶部膨大，有 4 根长毛；腹部末端有 1 对长毛。二龄若虫背面红褐色，上覆盖有草黄色粉状蜡质，并散生有黑色毛；触角 6 节，但触角顶端及腹末的毛均较 1 龄时短得多，大体和初龄相似；2 龄才能区别雌雄，雄虫比较活泼，体形较长，体表蜡粉及银白色细长蜡丝均较少。3 龄若虫体红褐色，均属雌性，体表布满蜡粉和蜡丝；触角 9 节，体较丰满，体上黑毛发达；雄虫第二次蜕皮即化蛹。

蛹　橘红色，眼褐色，触角、翅芽和足均为淡褐色，腹末凹陷成叉状。

茧　长椭圆形，由白色疏松的蜡丝组成。

五、生活史和习性

年发生代数因地而异，我国南部 3～4 代，长江流域 2～3 代，以若虫、成虫或卵越冬。浙江一年 2 代，第一代卵 3 月上旬始见，少数早至上年 12 月，5 月为产卵盛期，卵期 13.9～26.6 天；若虫 5 月上旬至 6 月下旬发生，若虫期 48.7～54.2 天；成虫发生于 6 月中旬至 10 月上旬，7 月中旬最盛，产卵期达 31.4 天，每雌产卵 200～679 粒。第二代卵于 7 月上旬至 8 月中旬发生，8 月上旬为产卵盛期，若虫于 7 月中旬至 11 月下旬发生，8—9 月为发生盛期。成虫于 10 月中旬至翌年 7 月发生，翌年 2—3 月为发生盛期。1～2 龄若虫多寄生于叶片背面主脉附近，2 龄后迁移分散至枝叶、树干及果梗等处。每蜕一次皮换一个地方为害，喜群集。

在自然条件下，雄虫数量极少，日常不易发现。繁殖方式多以孤雌生殖。初孵若虫多向树外部爬迁，附着在新梢或叶背主脉两侧为害；雄虫常在枝干裂缝或附近松土层中、杂草中作白色薄茧化蛹；经 1 周左右羽化为雄成虫，飞翔力强。一般 25～26℃最适宜吹绵蚧繁殖，温度升高至 40℃以上或降至 12℃以下时则大量死亡。

六、防治方法

1. 农业防治

结合修剪，剪除虫枝；并保持植株生长地通风透光，可减轻虫口为害。蚂蚁喜食咖啡根粉蚧的分泌物，通常会保护咖啡吹绵蚧免受捕食性和寄生性天敌侵害，因此，驱除蚂蚁是有效控制该虫的方法，可用 50% 敌敌畏乳油 1000～1500 倍液、90% 晶体敌百虫 500～1000 倍液喷杀。

2. 物理防治

随时检查，用手或用镊子捏去雌虫和卵囊，或剪去带虫枝叶并销毁。

3. 生物防治

吹绵蚧天敌主要有澳洲瓢虫、大红瓢虫、小红瓢虫、红环瓢虫，此外尚有寄生蜂、草蛉等，以前两种对吹绵蚧控制作用最大。澳洲瓢虫原产于澳大利亚，我国于 1955 年从苏联引进（蒲蛰龙，1959），大红瓢虫于 1932 年引至浙江黄岩柑橘区用于消灭吹绵蚧（陈方洁，1962），因两者捕食作用大，经研究和利用，发现两者可有效地控制吹绵蚧的发生与为害。

4. 化学防治

在初孵若虫散转移期，可喷施 40% 氧化乐果 1000 倍液、50% 杀螟松 1000 倍液、普通洗衣粉 400～600 倍液、50% 杀螟松乳油或 25% 喹硫磷乳油 1000 倍液，每隔 2 周左右喷一次，连续喷 3～4 次。冬季可选用 3～5 波美度石硫合剂，或松脂合剂 10 倍液，均有良好效果。

鹿蛾科害虫

鹿蛾科害虫多为日出性，常在花丛中飞翔吮吸。鹿蛾科害虫有 2000 种以上，世界性分布，但在新热带区种类最多。我国常见的有黑鹿蛾（*Amata ganssuensis*）、中华鹿蛾（*Amata sinensis*）、蕾鹿蛾（*Amata germana*）等。因鹿蛾的幼虫喜食植物叶片，所以对植物的生长有很大的危害，常为害茶、桑、柑橘、黑荆等植物。

一、分类地位

该虫属鳞翅目（Lepidoptera）鹿蛾科（Amatidae）。

二、分　布

在国外分布于日本、印度尼西亚、印度、缅甸等地；在国内分布于福建、海南、云南、四川、湖北、河北、陕西、山东、江苏、浙江、江西、广东、广西、台湾等省（区）。

三、为害特点

1 龄幼虫多群聚嫩叶上，取食叶肉组织；2 龄幼虫开始分散取食为害，食叶呈缺刻状；3～4 龄幼虫可取食整个叶片；5 龄后幼虫取食量较大，常转枝或转株为害。

四、形态特征

成虫　雌蛾体长 12～15 毫米，翅展 31～40 毫米；雄蛾体长 12～16 毫米，翅展 28～35 毫米。体黑褐色。触角丝状，黑色，顶端白色。头黑色，额橙黄色。颈板、翅基片黑褐色，中胸、后胸各有 1 个橙黄色斑，胸足第一跗节灰白色，其余部分黑色。腹部各节具有黄或橙黄色带。翅黑色，前翅基部通常具黄色鳞片，M1 斑方形，M2 斑截楔形，M3 斑亚菱形，M4 斑长形，其上有时附有 1 个小斑点，M5 斑长于 M6 斑。后翅后缘基部黄色，中室、中室下方及 Cu2 脉处为透明斑。卵椭圆形，长径 0.76～0.80 毫米，短径 0.65～0.70 毫米。表面有放射状不规则斑纹。

卵　椭圆形，长径 0.76～0.80 毫米，短径 0.65～0.70 毫米，表面有放射状不规则斑纹。初产卵乳白色，孵化前转变为褐色。

幼虫　初龄幼虫体长 0.20～2.20 毫米，头宽 0.58～0.62 毫米。头深绿色，体黄褐色，各体节毛瘤上着生 1～2 根刺毛，腹足淡褐色。老熟幼虫体长 22～29 毫米，头宽 2.16～2.23 毫米。头橙红色，颅中沟两侧各有 1 块长形黑斑。胸部各节有 4 对毛瘤，腹部第一、第二、第七腹节各有 7 对毛瘤，第三至第六腹节各有 6 对毛瘤。气门椭圆形，黑色。腹足趾钩单序中带。

蛹　纺锤形，长 12～17 毫米，宽 3.6～5.0 毫米，橙红色。下唇须基部，前足、中足及翅上有小黑斑。臀棘具钩刺 48～56 枚。

五、生活史和习性

此虫在福建南平一年发生 3 代，以幼虫越冬。翌年 3 月上旬越冬幼虫开始取食活动，4 月下旬开始化蛹，5 月中旬成虫羽化。第一代幼虫 5 月下旬孵出，7 月中旬化蛹，8 月上旬成虫羽化。第二代幼虫 8 月中旬孵出，9 月下旬开始化蛹，10 月上旬成虫羽化。第三代幼虫 10 月中旬孵出，11 月中旬进入越冬状态。成虫多在 12—17 时羽化，羽化后 2～3 小时开始飞翔活动，吮吸花蜜。

成虫白天活动频繁，无趋光性。羽化后第二天开始交尾，交尾多在 15—18 时，交尾历时 18～31 小时。雌蛾一生交尾 1 次。交尾后第二天开始产卵。卵多产在嫩叶背面或嫩梢上，排列整齐。卵分 2～3 次产完，第一次产卵最多。据室内观察，每雌最多产卵 99 粒，最少 36 粒，平均 88 粒。雌、雄性比为 0.6：1。卵经 4～9 天孵化，以 1—3 时孵化最多，各代卵的孵化率均在 94.6% 以上。幼虫 7 龄，少数 8 龄。初孵幼虫先食卵壳，然后群集于嫩叶上，取食叶肉组织。1 龄幼虫多群聚嫩叶上，取食叶肉组织。2 龄后开始分散为害，食叶呈缺刻状。3～4 龄幼虫可取食整个叶。5 龄后幼虫食量较大，常转枝或转株为害。据测定每只幼虫平均食叶 9.73 克。6～7 龄幼虫食量最大，占总食叶量的67.8%。第一代幼虫期 44～53 天，第二代 38～47 天，第三代 176～194 天。各代幼虫为害盛期：越冬代 3 月下旬至 4 月下旬，第一代 6 月下旬至 7 月中旬，第二代 9 月上中旬。老熟幼虫化蛹前停止取食，爬向枝梢端部，吐少量丝缠绕于枝叶及虫体上，悬挂于树小枝上。预蛹期 2～3 天，蛹期 8～16 天。化蛹率93.5%～96.4%。

六、防治方法

1. 农业防治

加强栽培管理，及时进行修枝整形，清理病叶。

2. 生物防治

天敌已知有稻苞虫黑瘤姬蜂、广黑点瘤姬蜂，对天敌进行引进释放、保护，来抑制鹿蛾的虫口基数。可用白僵菌防治越冬幼虫和第一代幼虫，在每年5 月下旬至 6 月中旬，正值梅雨季节，有利于白僵菌寄生，可在此时到林间每亩放 2 个白僵菌粉炮。另外，也可以在 11—12 月放白僵菌粉炮，使越冬幼虫带白僵菌越冬，控制虫口基数。

3. 化学防治

幼林地或苗圃局部发生时，可用 90% 敌百虫晶体 2000 倍稀释液、80% 敌敌畏乳剂 2000 倍稀释液或 40% 氧化乐果 1000 倍稀释液，50% 辛硫磷 1500 倍稀释液，2.5% 溴氰菊酯 5000 倍稀释液，喷雾毒杀 5 龄以下幼虫，效果较好。林间试验结果显示，溴氰菊酯和敌敌畏的上述浓度，防治效果分别为 93.3% 和 89.6%。

大盾背椿象

大盾背椿象（*Eucorysses grandis*）又名丽盾蝽、苦谏蝽、大盾椿象、黄色长盾蝽、苦谏盾蝽。分布广泛，在热带、亚热带地区更为常见。大盾背椿象常寄生于植物叶背，寄主植物主要有苦谏、柑橘、荔枝、龙眼、枇杷、番石榴、板栗、油桐等。

一、分类地位

该虫属半翅目（Hemiptera）盾蝽科（Scutelleridae）。

二、分　布

国外分布于日本、越南、泰国、印度、不丹和印度尼西亚；我国主要分布于江西、福建、台湾、广东、海南、广西、贵州、云南等省（区）。

三、为害特点

以若虫、成虫刺食叶、花、果实和枝梢，受害处会出现褐色斑点。导致受害叶片早衰脱落，受害果实小、果仁瘦，甚至果肉变软腐烂，严重时果实脱落。

四、形态特征

成虫　体椭圆形，多淡灰色，中胸小盾片极度发达，形成身体背壳，很像

"甲虫"。口器刺吸式。有翅 2 对，前翅半革质、灰白色，后翅膜质透明，平时藏于背壳下。有步行足 3 对，紫黑色。雌虫体长 20～25 毫米、宽 10～12 毫米，头中缝、后缘及前胸都呈黑色，中胸背板中部有一黑色近三角形的斑块，小盾板上 3 个"品"字形排列的黑斑较雄虫粗大，腹部末节腹面中央有一直线裂缝，是其外生殖器的开口处。雄虫体长约 20 毫米、宽约 10 毫米，头部后缘和前胸背板黑色，与中胸前缘中央的黑斑相连形成一个倒钟状的黑斑，生殖孔开口于腹部末节腹面中一圆突上。

卵　卵粒鼓形，直径约 1.5 毫米，高约 1 毫米，上端有一圆圈形成卵盖。受精卵初产时呈浅蓝色，近孵化时变为浅红或深红色。未受精卵不能孵化，始终呈白色。

若虫　1～2 龄时体呈棱形，大红色至金绿色，长 3.5～4.0 毫米，宽 2.0～2.5 毫米；喙管、足、触角均是体长的 1～1.5 倍，红色至紫黑色。3～5 龄若虫体长 12～13 毫米，宽 7.5～12 毫米，呈椭圆形、蓝绿至金黄色，触角、喙管短过腹端 2～5 毫米，腹面生有长方斑、臭腺、肛门和生殖器，小盾片在 3 龄期显露，高 1～3 毫米，伸达腹部第一至第二节；翅芽在 4 龄期显露，高 2～5 毫米，伸达腹部第一至第三节；喙管、触角、足和斑纹均为紫黑色或金黄色。

大盾背椿象

五、生活史和习性

成虫出现于春、夏二季，主要生活在低海拔山区。一年发生 1 代，属渐变态。卵期约 9 天，发生在 6 月下旬至 8 月上旬。若虫历期：1 龄 7.4 天，2 龄 9 天，3 龄 12.2 天，4 龄 8.8 天，5 龄 11.4 天，共约 49 天，在 7 月上旬至 10 月上旬。成虫期在 10 月中旬至翌年 7 月下旬。成虫越冬后，多在翌年 6 月下旬日间中下午交尾。雄虫在交尾结束后 14 天左右死亡。雌虫交尾后，刺食减少，腹部鼓起，并在交尾结束后 16 天左右产卵，26 天左右死亡。每对成虫最多交尾 2 次，平均每次交尾时间为 12 小时，长的达 27 小时。雌虫多产卵于叶背，卵粒呈线状排列，但也有产在枝条上的。每雌产卵 1～2 块，每块卵平均有 85 粒，最多 160 粒。多数雌虫一次产完，也有分两次产的。雌成虫产卵量与体重的比值平均为 167 粒／克，最高比值为 213 粒／克。

卵块大部分在 7 月上旬至 8 月上旬孵化。卵粒初产时呈浅蓝色，产后 4～5 天卵盖出现红点，6～7 天呈现浅红，8～9 天卵粒变深红色，此时若虫往往顶脱卵盖而爬出，在气温 18～32℃ 时均有孵化，湿度对卵粒的孵化无明显影响。孵化多在晴天的 11—15 时进行，又以 13 时最盛。孵化后的 1 龄若虫即能转移到 30 厘米处避光的叶背上，一般群集不刺食，在晴天中午在叶面上、枝条上活动，每分钟爬行 12 厘米。2 龄若虫在晴天分散刺食，爬行速度每分钟为 28～33 厘米，并有跳跃习性，能从叶尖跳下约 5 厘米高。3～5 龄若虫，每只平均 2 天刺食 1 次，晴天每天刺食 1 次，多在 8—18 时在叶面和果上刺食。每次刺食时间平均为 160.7 分钟，最短 20 分钟，最长 800 分钟，并有假死习性。5 龄若虫耐饥性平均为 11.3 天，最长 13 天，最短 8 天。夜间和雨天则躲在叶背面。

成虫有假死习性，每次飞行 300～700 米，有一定的耐饥饿能力。雄成虫平均耐饥性为 12 天，最长为 15 天，最短为 6 天；雌成虫平均耐饥性为 11.3 天，最长 16 天，最短 7 天。成虫多在避风低凹及向阳的常绿树上越冬。每年 10 月中旬 5 龄若虫在蜕皮羽化为成虫后的第二天开始刺食，平均每天刺食 1 次。

于 11 月天气寒冷时以成虫态静伏在浓绿荫蔽的树叶背上过冬。当气温回升到 18℃ 以上时,又恢复取食,直到翌年 5 月才从越冬场地飞到寄主树上取食新抽的枝叶。若虫蜕皮与成虫羽化、卵孵化的时段相同,多在晴天的 11—15 时,以 13 时最盛。

六、防治方法

1. 农业防治

清除果园及其周边的杂草并集中烧毁;抹除树干上的干翘树皮,填塞树缝、树洞。

2. 物理防治

在不同季节,摘除卵块或若虫团,并销毁;或利用蝽成虫的假死性,在越冬成虫产卵前期气温较低时,早晚突然摇树以捕杀坠落的成虫。

3. 生物防治

保护和利用天敌,早春时,把预计 1～2 天后羽化的平腹小蜂卵卡挂在树冠下层离地面 1 米左右、直径 1 厘米以下的枝条上。十年生以上的大树每株放 1000 头,十年生以下的树每株放 600 头,分 2 批释放,小树可隔株放蜂。

4. 化学防治

每年 3 月春暖时越冬成虫开始活动交尾,体质较弱,4—5 月是低龄若虫的发生盛期,这两个时期都是防治的最佳时期,可用 90% 敌百虫晶体 800 倍液、4.5% 高效氯氰菊酯 1000～1500 倍液、2.5% 高效氯氟氰菊酯乳油 1000～1500 倍液、2.5% 溴氰菊酯乳油 1000～1500 倍液或 20% 甲氰菊酯乳油 1000～1500 倍液等,喷 1～2 次。

白痣姹刺蛾

白痣姹刺蛾 [*Chaleoclides albigutata* (Snellen)]，又称为茶透刺蛾、胶刺蛾、中点刺蛾，广泛分布于云南、贵州、广西、福建等茶区。该虫食性杂，除为害茶叶外，还为害咖啡、柑橘、荔枝等，主要以幼虫在叶面取食为害，造成整个叶片形成缺刻，受害严重的枝条上叶片全被吃光。

一、分类地位

该虫属鳞翅目（Lepidoptera）刺蛾科（Limacodidae）姹刺蛾属（*Chalcocelis*）。

二、分　布

国外分布于缅甸、印度、新加坡、印度尼西亚等国家及地区；我国分布于广西、海南、江西、福建、广东、贵州等省（区）。

三、为害特点

该虫主要以幼虫在咖啡叶面取食为害。低龄幼虫主要啃食叶肉和上表皮，使叶片表面呈现斑点状。随着幼虫虫龄增加，食量日益剧增，高龄幼虫能取食整个叶片形成缺刻，受害严重的枝条上叶片全被吃光，仅剩下光秃秃的叶柄和部分叶脉，严重影响植株生长。

四、形态特征

成虫　雌雄异色。雄蛾灰褐色，体长 9～11 毫米，翅展 23～29 毫米。触角灰黄色，基半部羽毛状，端半部丝状。下唇须黄褐色，弯曲向上。前翅中室中央下方有 1 个黑褐色近梯形斑，内窄外宽，上方有 1 个白点，斑内半部棕黄色。中室端横脉上有 1 个小黑点。雌蛾黄白色，体长 10～13 毫米，翅展 30～34 毫米。触角丝状。前翅中室下方有 1 个不规则的红褐色斑纹，其内缘有 1 条白线环绕，线中部有 1 个白点，斑纹上方有 1 个小褐斑。

卵　椭圆形，片状，蜡黄色半透明。长 1.5～20 毫米。

幼虫　1～3 龄幼虫黄白色或蜡黄色，前后两端黄褐色，体背中央有 1 对黄褐色的斑。4～5 龄幼虫淡蓝色，无斑纹，老龄幼虫体长椭圆形，前宽后狭，体长 15～20 毫米，宽 8～10 毫米，体上段有一层微透明的胶蜡物。

蛹（茧）　茧白色，椭圆形，长 8～11 毫米，宽 7～9 毫米。蛹粗短，栗褐色，触角长于前足，后足和翅端伸达腹部第七节，翅顶角处和后足端部分离外斜。

五、生活史和习性

此虫在广州一年发生 4 代，以蛹越冬，翌年 3 月底至 4 月初幼虫出现为害。成虫 19—20 时羽化最多，大部分第二晚交配，第三晚产卵。卵单产于叶面或叶背。据对第三代成虫的调查，每雌蛾产卵量为 12～274 粒，平均为 108 粒。成虫有趋光性，寿命 3～6 天。第一代卵期 4～8 天，受寒潮影响较大；第二和第三代卵期 4 天；第四代 5 天。1～3 龄幼虫多在叶面或叶背啃食表皮及叶肉，4～5 龄虫可取食整叶。幼虫蜕皮前 1～2 天固定不动，蜕皮后少数幼虫有食皮现象。幼虫蜕皮 4 次，共 5 龄，化蛹前从肛门排出一部分水液才结茧。幼虫期 30～65 天，第一代历期 53～57 天，第二代 33～35 天，第三代 28～30 天，第四代 60～65 天。幼虫常在两片重叠叶间结茧，少数在枝条上结茧。第一至第三代蛹期 15～27 天；越冬代蛹期 90～150 天，平均 143 天。虫龄越大，食量越大，能够将叶片吃光，仅留叶柄。低龄幼虫仅仅停留在叶表面上取食，食量小；高龄幼虫喜欢在叶背取食；老熟幼虫在枝条上结茧化蛹，蛹老熟后，将茧端的圆盖掀开，羽化后的成虫从此孔飞出。

六、防治方法

1.农业防治

幼龄幼虫多群集取食，被害叶显现白色或半透明斑块等，易被发现。此时斑块附近常栖有大量幼虫，及时摘除带虫枝、叶，加以处理，效果明显。不少刺蛾的老熟幼虫常沿树干下行至基部或地面结茧，可采取树干绑草等方法及时予以清除。还可清除越冬虫茧，可根据越冬场所之异同采用敲、挖、剪除等方法清除虫茧。

2.物理防治

灯光可诱杀大部分刺蛾，成虫具较强的趋光性，可在成虫羽化期于19—21时用灯光诱杀。

3.生物防治

刺蛾的寄生性天敌较多，如贝刺蛾绒茧蜂（*Apanteles belippocola*）、黑益蝽（*Picromerus griseus*）是刺蛾的自然天敌，此外，刺蛾幼虫的天敌还有白僵菌、青虫菌、枝型多角体病毒，均应注意保护利用。可选用苏云金杆菌乳剂2400毫升/公顷兑水1200千克于低龄幼虫期喷雾，或用白僵菌粉防治幼虫，对其林间种群具有一定的制约作用。

4.化学防治

刺蛾幼龄幼虫对药剂敏感，一般触杀剂均可奏效。可在幼虫发生期间，用80%敌敌畏乳油1000～1200倍液、40%水胺硫磷乳剂1500倍液、20%灭幼脲1号胶悬剂8000倍液、0.2%阿维菌素500～2000倍液等喷施，均有较好效果。

苎麻珍蝶

苎麻珍蝶 [*Acraea issoria* (Hübner)] 又名细蝶、苧麻蝶、苧麻斑蛱蝶、细蛱蝶、茶蝶、拟斑蝶。

一、分类地位

该虫属于鳞翅目（鳞翅目）蛱蝶科（Acraeidae）珍蝶属（*Acraea*）。

二、分　布

主要分布于我国四川、浙江、台湾等地，其寄主植物主要为苎麻、荨麻、咖啡、茶树等。

三、为害特点

低龄幼虫群聚取食叶正面叶肉，吃成火烧叶。3 龄后分散至全田食叶成孔洞或缺刻，严重时仅留叶脉，形成败莛而干枯。

四、形态特征

成虫　中小型体型，触角端部逐渐加粗，但不明显。腹部细长，下唇须圆柱形，前足退化，收缩不用。雄性只有 1 跗节，雌性 5 跗节，爪全退化，中后足的爪不对称。翅淡黄褐色，不透明，翅脉纹呈黄褐色，前翅较后翅窄长，均呈长卵圆形，前后翅中室为完整的脉纹所闭，狭长，超过翅总长的 1/2，细横脉，R1 脉从中室末端前分出，R2、R3、R4 与 R5 脉同柄，径脉向翅端部弯曲；M1 脉从中室顶角或其附近分出，与 M2 脉的基部远离；后翅 R5 脉与 M1 脉有短的共柄。翅外缘有锯齿形黑色宽带，其外缘嵌有 1 列三角形灰白色斑点，内缘镶有 1 条褐红色窄带。后翅通常无斑点，前翅中室常有黑色斑纹，不同个体之间斑纹数差异较大，浙江地区雄蝶前翅中室端有 1 条横纹，雌蝶在端纹内外各有 1 条横纹，后缘还有 1 个孤立的黑斑。翅展雌性 73 毫米，雄性 60 毫米，翅反面色浅。雄性外生殖器背兜与钩突发达，直伸向后；囊突粗而长；瓣片微小，弧形弯曲；阳茎细长，长约为囊突与瓣片长度之和，末端尖；雌性交尾后，腹部末端有三角形的臀套。

卵 球形，直径约 0.5 毫米，有隆线 10 余条。精孔圆形位于顶部。初生卵米黄色略淡。1 天后，卵变大，直径达 0.6 毫米，卵体表面出现橙色斑点，黄色加深。2 天后，卵继续变大，直径可达 0.7 毫米。颜色继续加深，略呈棕黄色，精孔颜色变深。3 天后，卵直径可达 1.0 毫米，颜色进一步加深。6～7 天后幼虫出壳前，卵呈灰黑色，一头白，呈半透明，另一头呈黑色。孵化失败的卵仍呈黄色，并略发白。

幼虫 为毛虫式，较柔软，共 13 节，头略呈半圆球形。第二代幼虫共 8 龄。

蛹 悬蛹。8 龄幼虫末期取食量下降，活动逐渐减少，身体呈暗褐色，背侧线变淡，棘刺褐色，末端成白色。尾端通过丝线固定于叶脉或枝条上，头向下倒挂，呈悬蛹状。身体 4～6 节弯曲成弓形，上下摆动。历时 11～13 天。蛹长 25 毫米，高约 1 毫米，呈圆锥形，表面光滑，白色偏

苎麻珍蝶幼虫

黄。体背弯曲，具黑色棘刺，侧线气孔明显，翅区透明。如有触碰或晃动，第四至第六节左右摆动。羽化前翅区逐渐变黄，黑斑隐约可见。

五、生活习性

成虫一般在夜晚或凌晨羽化而出。羽化时，胸部背中线破裂，头和前足先伸出，中足、后足及翅随即拽出，足攀住一个支撑物后，体躯才能用力脱离蛹壳。足仍钩住支撑物，身体倒悬片刻，翅慢慢伸展开来。不久，肛门排出"蛹便"，腹部变长，约 2 小时后，皱缩的翅膀干燥伸展开，始飞，羽化完成。蝴蝶羽化要展翅良好须羽化环境的湿度较高，湿度太低，翅未展开就已风干了。昼出性昆虫，白天活动频繁，尤以中午日照充足时旺盛。成虫以虹吸式口器吸食花蜜或汁液，主要访花蜜源植物为苎麻（Boehmeria nivea）、荨麻（Urticafissa）等。中午气温高时活动最强。交配前雄蝶求偶飞翔，采用末端相交完成交配，即雄蝶腹部弯曲伸至雌蝶腹部末端，持续 3 小时左右。交配后雌蝶即产卵，雌蝶找到鲜嫩、无虫害的寄主后，尾部弯曲单产卵规则排列于叶背面。一头雌虫一般可产 200～400 粒卵，最多可达 800 粒，有时分次产卵。成虫寿命一般 2～3 天，交配完成后，雄蝶即死，雌蝶产完卵 1 天左右后死亡。

1 龄幼虫沿精孔咬破卵壳出壳，一般群集于嫩叶背阳面沿叶脉取食，粪便为黑色小颗粒状。2 龄幼虫活动较为灵活，喜食嫩叶。3 龄幼虫取食迅速，较喜沿叶边缘取食，也发现群聚于叶中脉取食。4 龄幼虫以后活动量及取食量都较之前有显著增加，取食叶片后仅留叶脉，粪便为黑色大颗粒状。8 龄幼虫在预蛹前取食量有明显下降，活动迟缓，选择稳定寄主的叶脉或枝条吐丝成垫，尾部臀足倒挂在叶片背面，虫体收缩成弓形蜕皮化蛹。分段蜕皮，从头部后缘断裂，头部与躯干部分开蜕皮。新蜕下的皮与苎麻叶子结合得比较紧，从叶子上取下时易被拉断。蜕下的皮在几十分钟的时间内就会变黑。幼虫死亡时，整个身体蜷缩成团。除 1 龄幼虫外均有假死性，受惊蜷缩身体滚落地面。越冬后虫态历期范围变化较大，7 龄或 8 龄成蛹。

六、防治方法

1. 物理防治

利用幼虫群聚和趋暖越冬习性，于收获前2～3天幼虫向越冬场所转移前，每亩插置草把50～60个，可诱到90%以上幼虫，集中烧毁；在冬春之交清洁园地时，注意铲除杂草和清除残枝落叶，做到厢面、厢沟、地边三光；3月中旬越冬幼虫回迁之前，根据气温回升情况，选择晴天在咖啡园四周喷1米宽药带；于成虫发生盛期捕捉成虫、摘除虫蛹和着卵叶，简便易行。

2. 化学防治

在幼虫为害高峰前、幼虫群聚为害时喷撒2.5%敌百虫粉或1605粉剂，每亩喷洒2千克；必要时也可喷洒90%晶体敌百虫1000～1200倍液，每亩喷兑好的药液100升；提倡喷洒每克含100亿个孢子的青虫菌粉700倍液。

橘二叉蚜

橘二叉蚜 [*Toxoptera aurantix* (Boyer de Fonscolombe)] 又称桔二叉蚜、茶二叉蚜、茶蚜、可可蚜，是一种亚热带农林害虫，取食范围广泛，为害柑橘、脐橙、枸骨、紫薇、金丝桃、冬青、木绣球、咖啡、小叶榕、花桃等。

一、分类地位

该虫属于同翅目（Homoptera）蚜总科（Aphidoidea）蚜亚科（Aphidinae）。

二、分　布

在我国主要分布于河北、河南、山东、四川、湖北、云南、贵州、杭州等地。

三、为害特点

成虫和若虫群集在柑橘的芽、嫩梢、嫩叶、花蕾和幼果上吸食汁液为害，造成叶片卷曲，新梢枯死，落花落果。橘二叉蚜通过刺吸式口器吸取韧皮部汁液，大量发生时能够直接导致植株枯萎、死亡，刺吸植物汁液产生的伤口也利于病原菌侵入植株。除了直接取食造成伤害外，橘二叉蚜也能够作为媒介昆虫，携带植物病毒，如柑橘衰退病毒等。橘二叉蚜取食植物的韧皮部汁液，食谱中富含大量的水分，因而在取食的过程中，蚜虫常常分泌蜜露覆盖在植物叶片上，这容易导致植物光合作用降低，另一方面，蜜露往往容易滋生一些霉菌，致使煤烟病发生概率上升（曾凌达，2019）。

四、形态特征

有翅胎生雌蚜　体长 1.6 毫米，体黑褐色，具光泽，触角暗黄色，第三节具 5～6 个感觉圈，前翅中脉仅 1 个分支，腹背两侧各有 4 个黑斑，腹管黑色长于尾片。

无翅胎生雌蚜　体长 2 毫米，暗褐至黑褐色，胸腹部背面具网纹，足暗淡黄色。卵长椭圆形，黑色有光泽。若虫与无翅胎生雌蚜相似，体较小，1 龄体长 0.2～0.5 毫米，淡黄至淡棕色。

五、生活习性

一年发生 10 余代，主要以无翅孤雌蚜或老龄若虫在树上越冬。越冬无翅孤雌蚜在翌年萌芽后（3—4 月）胎生若蚜，为害春梢嫩叶嫩梢，以 5—6 月繁殖最盛，为害最大。虫口密度较大，叶老化或遇气候不适时，即产生有翅孤雌蚜，迁飞到其他树或新梢上繁殖为害。

六、防治方法

1. 农业防治

宜于冬季、早春剪除蚜虫为害枝。

2. 生物防治

提倡喷洒 26 号杀虫素 50～150 倍液，气温高时用低浓度，气温低时适当提高浓度。要注意保护利用天敌昆虫。必要时人工助迁麦田瓢虫至咖啡园，可有效防治蚜虫。

3.化学防治

虫口密度大或选用生物防治法需压低虫口密度时，可喷洒 50% 马拉硫磷乳油、50% 辛硫磷乳油 2000～3000 倍液、80% 敌敌畏乳油或 50% 乙酰甲胺磷乳油 2000 倍液。提倡喷洒 2.5% 鱼藤精 300～500 倍液或 1.8% 农家乐乳剂（阿维菌素 B1）3000～4000 倍液；或者选用 50% 噻嗪酮悬浮剂 1600 倍液、20% 啶虫脒可溶性粉剂 1600 倍液、70% 吡虫啉水分散粒剂 10000 倍液、30% 噻虫嗪悬浮剂 4000～8000 倍液进行喷雾，可交替使用（何建群和黄菊芬，2014）。

钩蛾科害虫

一、分类地位

钩蛾科属于鳞翅目（Lepidoptera）尺蛾总科（Geometroidea）。2010 年，中国科学院动物研究所的最新研究结果表明，钩蛾总科中仅包括钩蛾科 1 个科，其下分 4 个亚科：钩蛾亚科、山钩蛾亚科、波纹蛾亚科及圆钩蛾亚科。

二、分　布

我国的钩蛾要集中于云南、四川一带。

三、为害特点

钩蛾科昆虫大多是林木、果树及农作物的害虫，低龄幼虫有群集性，主要取食植物叶片。

四、形态特征

成虫　喙退化；触角单栉形（少数双栉形），栉长度可以很短，栉间紧近，或很长；栉间分开；中足、后足胫节上有一条黑色纵线；前翅有小室，R1 从中室或小室伸出，后翅 Sc+R1 与 Rs 接近或相交一段。

钩蛾科幼虫

五、生活史和习性

钩蛾亚科多为山区、丘陵、平原种类，一年发生 2～3 代，发生 2 代的分别于 6 月、8 月出现 2 次成虫高峰，发生 3 代的分别于 6 月上旬、7 月中旬和 8 月下旬出现 3 次成虫高峰。大部分种类以蛹越冬，但三线钩蛾属（*Pseudalbara*）、晶钩蛾属（*Deroca*）、美钩蛾属（*Callicilix*）、豆斑钩蛾属（*Auzata*）、钩铃蛾属（*Macrocilix*）和大窗钩蛾属（*Macrauzata*）中部分种类则以幼虫越冬。以幼虫越冬的种类多具有蛀食植物茎秆的习性。

山钩蛾亚科多为半山区及平原种类，一年发生 2～3 代，以蛹越冬，成虫以前半夜活动为主；第一代成虫出现于 5 月，第二代成虫出现于 6 月下旬至 7 月中旬，第三代成虫出现于 8 月下旬。

圆钩蛾亚科多为丘陵及山区种类，一年发生 2 代，以蛹越冬；第一代成虫于 5—6 月出现，第二代成虫于 8—9 月出现，成虫夜间活动，傍晚最为活跃，个别种类也有白天在林间荫蔽环境中飞翔的现象。

波纹蛾亚科通常一年发生 2 代，以蛹越冬；第一代成虫出现在 4—5 月，第二代成虫出现在 7—8 月。幼虫取食树木叶片，暴露或缀叶取食。

六、防治方法

1. 农业防治

消灭老熟幼虫。老熟幼虫大多于晚上或清晨下地结茧，利用此习性对其进行集中杀灭，以降低虫口密度。

消灭越冬虫源。及时秋耕，于作物播种前进行土壤消毒，以杀灭越冬蛹，将敌百虫粉或加细土或农肥混合均匀后，撒施于土中。

集中销毁虫叶。低龄幼虫喜群居于叶缘，受害部位一般残留有窗斑形的叶脉表皮。利用其群集性，及时摘除受害叶片，并集中烧毁，可杀死低龄幼虫。

2. 物理防治

灯光诱杀。利用成虫的趋光性，可在其羽化盛期于农田设置黑光灯进行诱杀。

3. 生物防治

可利用天敌生物控制钩蛾的发生与为害，如大斑土蜂、黄唇螺嬴、红嘴蓝鹊和山喜鹊等捕食性天敌（王林瑶，1990），以及蝶金小蜂、广大腿小蜂、绒茧蜂、肿腿蜂、隔离狭颊寄蝇、金色小寄蝇等寄生性天敌。其中，绒茧蜂和肿腿蜂的寄生率分别为 37.3% 和 15.7%（陕西省植物保护工作站，1990）。也可采用 1% 甲氨基阿维菌素 3000 倍液或 Bt 杀虫剂 1000 倍液喷雾，对幼虫有较好的杀灭作用。

4. 化学防治

对于钩蛾科害虫的化学防治主要采用有机磷类和菊酯类农药。可用 50% 辛硫磷乳油、40% 甲基异柳磷乳油 1500～2000 倍液、20% 氰戊菊酯乳油、2.5% 溴氰菊酯乳油或 2.5% 高效氯氟氰菊酯乳油 3000 倍液，喷洒 2～3 次，即可得到理想的防治效果（孙建忠和王洪建，2008）。药剂防治应在幼虫 3 龄以前，这是因为该时期幼虫为害集中、食量小、抗药性弱。此外，还应注意选用高效低毒低残留的新品种农药，可增强防效，减少环境污染。

美苔蛾

一、分类地位

美苔蛾 [*Miltochrista miniata* (Forster)]，属于鳞翅目（Lepidoptera）灯蛾科（Arctiidae）美苔蛾属（*Miltochrista*）。

二、分　布

国外分布在欧洲、日本、朝鲜等地；我国主要分布在黑龙江、辽宁、河北、内蒙古、山西、四川。

三、为害特点

幼虫一般为植食性，对我国农林业生产有较大的影响，严重为害我国林木、花卉、果蔬等，造成了巨大的经济损失。

四、形态特征

翅展 24～32 毫米。头、胸黄色，下唇须顶端、胸足胫节端部及跗节暗褐色，雄蛾腹部背面端部及腹面黑色，前翅黄色，雄蛾前翅中央向上拱，有 1 个黑色亚基点，前缘基部具黑边，外缘区具红带，黑色内线在中室内及中室下方折角至后缘退化或常整个消失，横脉纹有1个黑点，黑色外线强齿状，亚端线具1列黑点。后翅淡黄色，外缘区红色。雄性生殖器爪形突基部微膨大，抱握器分叉，囊状突舌形。阳茎前端部硬化端膜质，上有若干角状器。雌性生殖器交配囊后半部硬化，较长的刺呈"口"形分布。

美苔蛾

五、生活习性

成虫 身体直挺修长，狭长的前翅紧贴体侧。腹部常长达后翅的后缘，休息时常将翅折叠在腹部上，大多数颜色单调，但有些种颜色鲜艳。美苔蛾的幼虫主要以地衣、苔藓、藻类等低等植物为食，少数取食高等植物。它们通常生活在食物丰富的环境中，如湿润的岩石、墙壁和悬崖，树枝树干，以及非常潮湿环境中的树叶上。大多数成虫夜间活动，但也有日行性的种类。具有趋光性。飞行能力较弱。某些种类的分布可以给特定的森林类型、经纬度和海拔等以指示作用，同时地理环境对种类分布也具有较大的影响。

六、防治方法

1. 物理防治

结合农业生产上的其他害虫防治，设置频振灯，于8月下旬至9月上旬成虫羽化时诱杀成虫，减少产卵量，降低害虫越冬基数。

2. 生物防治

在2～3龄越冬代幼虫大量出蛰，未迁入农田为害农作物前，利用生物

制剂苏云金杆菌和印棟素进行防治，用 16000 单位 Bt 可湿性粉剂 300 倍液＋
0.005% 印棟素 4000 倍液防治后，幼虫逐渐出现活动量和取食量减少等现象，
药后 4 天，幼虫虫体开始变软或变空扁状，体色发黑，逐渐死亡。

3. 化学防治

在 4～5 龄幼虫迁入农田开始为害农作物时，可利用菊酯类农药进行防治，
每亩用 4.5% 氯氰菊酯乳油 30～50 毫升，加水 40～55 千克。根据防治效果调
查，药后 1 天幼虫食量明显减少，开始逐渐死亡，5 天后虫口减退率达 92.3%
以上。

蝉科害虫

蝉又名知了，以幼虫取食植物根系、成虫吸食植物汁液为生。主要寄主植物包括柑橘、苹果、梨、桃、樱桃、李、山楂、葡萄、杨、柳、榆、槐、桑、棉花等多种木本和草本植物。目前，我国的蝉种类有 2000 多种，主要包括蚱蝉、蟪蛄、草蝉、斑蝉、薄翅蝉等。

一、分类地位

蝉属于半翅目（Hemiptera）蝉总科（Cicadidae）。

二、分　布

主要分布于温带及热带地区，栖息于沙漠、草原和森林。

三、为害特点

蝉的幼虫生活在地下，为害植物的根部，成虫生活在地上为害植物的茎和枝。它们用刺吸式口器吸食植物营养汁液，致使植物受害部分轻者褪色、变黄、营养不良、器官萎蔫或卷缩畸形，重者则导致整个植株枯黄而死。

四、形态特征

成虫　蝉科害虫有两对膜翅，形状基本相同，头部宽而短，具有明显突出的额唇基；视力良好，复眼不大，位于头部两侧且分得很开，有 3 个单眼。触角短，呈刚毛状。口器细长，口器内有食管与唾液管，属于刺吸式。胸部包括前胸、中胸及后胸，其中前胸和中胸较长。3 个胸部都具有一对足，腿节粗壮发达（若虫前脚用来挖掘，腿节膨大，带刺）。蝉的腹部呈长锥形，总共有 10 个腹节，第九腹节成为尾节。雄蝉第一、第二腹节具发音器，第十腹节形成肛门；雌蝉第十腹节形成产卵管，且较为膨大。

幼虫　生活在土中，末龄幼虫多为棕色，与成虫相似。

蝉科害虫

五、生活习性

蝉的幼虫生活在土中，有一对强壮的开掘前足。利用刺吸式口器刺吸植物根部汁液，削弱树势，使枝梢枯死，影响树木生长。通常会在土中待上几年甚至十几年，如 3 年、5 年，有的还有 17 年，这些数有一个共同点——都是质数。这是因为质数的因数很少，在钻出泥土时可以避免和别的蝉类一起钻出，争夺领土、食物。将要羽化时，于黄昏及夜间钻出土表，爬到树上，然后抓紧树皮，蜕皮羽化。当蝉蛹的背上出现一条黑色的裂缝时，蜕皮的过程就开始了，头先出来，紧接着露出绿色的身体和褶皱的翅膀，停留片刻，使翅膀变硬，颜色变深，便开始起飞。整个过程需要 1 小时左右。6 月末，幼虫开始羽化为成虫，刚羽化的蝉呈绿色，最长寿命 60～70 天。7 月下旬，雌成虫开始产卵，8月上中旬为产卵盛期，卵多产在4～5毫米粗的枝梢上。夏天在树上叫声响亮，用针刺口器吸取树汁。

六、防治方法

1. 农业防治

剪除被害枝条。6—7月，在果园发现有枝条、叶片萎蔫或干枯，则可能是它的产卵枝，应及时剪除被害枝，带出果园集中灭虫卵，以减少未来几年害虫基数。在此期间，要勤加检查，仔细观察，发现产卵枝及时剪除，直至产卵期结束。

2. 人工防治

6—8月的夜晚，若虫出土时，于夜间在树干距地面1米高左右处缠绕一圈7～8厘米宽的胶带，光滑的胶带使若虫爬不上树而掉下来，在树下捉拿，从而阻止老熟若虫上树羽化。

3. 物理防治

根据蝉有趋光性特性，于成虫盛发季节，在没有月光的夜晚，在园区周围的空地或路上点上一堆火，然后摇动树枝，蝉会飞向火堆，蝉翅会被烧伤使其坠落，随之捕捉；还可使用黑光灯诱杀成虫。6—8月，在植株半径1千米范围内安装2只40瓦黑光灯诱杀成虫。

4. 化学防治

在6—8月若虫出土之前，在树盘下洒浇50%辛硫磷乳油1000倍液、2.5%功夫乳油2000倍液或48%乐斯本乳油1000倍液，杀灭土层中的若虫；成虫盛发期还可喷施20%甲氰菊酯3000倍液或敌杀死乳油2000～3000倍液杀灭成虫，减少卵枯枝，也能收到较好效果。

白蚁类害虫

白蚁作为一种全球性的害虫，在世界各地广泛分布，尤其是在热带和亚热带地区，白蚁为害尤为严重。白蚁为害范围很广，它能够对房屋建筑、水库堤坝、山林果园以及通信设备等造成严重危害。

一、分　布

目前，世界范围内已经发现的白蚁种类大约有 3000 种，且大多数分布在赤道附近。我国已经发现的白蚁共有 4 个科 44 个属总共 479 种。这些类型的白蚁大多数分布于我国南部地区，只有少数分布在华北和东北地区。到目前为止，除了在新疆、内蒙古、宁夏、吉林等省（区）尚未发现白蚁外，在全国的各个地区均发现了白蚁的分布。其中，云南省发现了已知的大多数白蚁，其种类达到了 12 种，其次在广东、广西以及海南等省（区）也发现有大量白蚁分布。

二、为害特点

白蚁生活在地下，通过咬食植株的根茎为害咖啡。白蚁主要修筑泥被，将树干用泥土包裹，然后取食树皮甚至心材、破坏韧皮部，如果造成环蚀，这就相当于树干上的树皮被环剥一周，树的根系将因得不到有机物供给而死亡，不久后整株树也将死亡；破坏形成层，影响树干增粗；破坏木质部，阻止水分和无机盐向叶运输，从而使叶的光合作用受到影响，导致植物生长缓慢；破坏韧皮纤维，影响树干的强度，在恶劣天气下使树干容易折断。白蚁主要从地下直根分叉处侵入，新种的芽接树和实生树在3～4周内可被其蛀断而死亡。大树受害后，茎干被蛀空，常被大风折断。一般情况下为害迹象是在树干部位出现泥被和泥线，但有时不易发觉。

白蚁为害症状

三、形态特征

白蚁体色多为白色、淡黄色、赤褐色或黑色，但大部分体色较浅；口器为咀嚼式，前口式；触角念珠状；唇基可分为前后两部分，上颚具有强壮咀嚼齿，下颚的外颚叶片状。在有翅成虫的中胸和后胸各有一对狭长、膜质的翅，前后翅的形状、大小几乎相等。

四、生活习性

白蚁是社会性昆虫，从卵孵化为幼虫，幼虫分化为工蚁、兵蚁、若虫等不同的品级，其若虫可成为具有繁殖能力的有翅成虫。有翅成虫经分飞配对后成为新的原始蚁王和蚁后。蚁后专行产卵，卵经 36～47 天后可孵化，自幼蚁孵出到出现工蚁需经过 19～30 天，幼蚁有 3 个龄期，各龄期 6～9 天；幼蚁发育成兵蚁经 1 个前兵蚁（白兵蚁）阶段，前兵蚁期 11～12 天。幼虫是指卵孵化后白色的 1 龄或 2 龄个体，此时尚无明显翅芽，由此蜕皮出现翅芽的老龄虫体称为若虫。若虫在整个群体的虫口数量上占有较高的比例。白蚁各品级在发育中所经历的时间以及龄期并不一致。非生殖个体的发育需 2 个月左右，而黑翅土白蚁有翅成虫的幼蚁从开始出现翅芽起到完成最后一次蜕皮至少需半年以上的时间。发育期的长短，除存在品级的差别外，也随着群体的大小而改变，大群体的幼蚁经过的龄期较长，成熟的工蚁和兵蚁的体形一般较大，体色也较深。

五、防治方法

1. 田园卫生

及时清除树木枝干和残桩，在苗床和定植穴内，尤应清除一切木质纤维物，施用的堆肥必须充分腐熟，施用前平铺在地上暴晒，以免引起白蚁前来为害。

2. 诱杀法

利用山黄麻、枯竹枝、甘蔗渣等材料，埋于长 40 厘米、宽 30 厘米、深 30 厘米的诱杀坑中，然后淋水、盖草，诱集白蚁前来取食。待 3～5 天后，将草及所埋的材料翻开，放鸡啄食；或喷洒灭白蚁药，让白蚁带回蚁巢毒杀更多的个体。

3. 挖巢灭蚁

挖巢灭蚁是比较彻底的防治方法。可以通过蚁路追踪，将主巢捣毁，消灭巢中蚁王蚁后。追踪挖巢穴的方法，可以用草秆穿进蚁路，然后一锄锄地追挖，蚁路越近主巢的就越大，越向外的就越小，根据这点可辨别主巢的方向。

4. 灭蚁灵粉毒杀

挖出 2 厘米以上的蚁路，喷射灭蚁灵 10～15 克，随即在蚁路口塞进白蚁喜食饵料，最后用厚土密封，可使白蚁群体死亡。

参考文献

白学慧，吴贵宏，邵维治，2017. 云南咖啡害虫双条拂粉蚧发生初报 [J]. 热带农业科学，37(6)：35-37，48.

白学慧，吴贵宏，邵维治，等，2020. 云南咖啡害虫柑橘臀纹粉蚧发生初报 [J]. 热带农业科学，40(11)：90-94.

白学慧，夏红云，胡永亮，等，2013. 24% 螺虫乙酯 SC 防治咖啡根粉蚧和咖啡绿蚧的田间药效试验 [J]. 湖南农业科学 (6)：26-27，33.

曾凌达，2019. 橘二叉蚜共生细菌多样性研究 [D]. 福州：福建农林大学 .

柴正群，陈国华，朱建青，等，2020. 咖啡灭字脊虎天牛在普洱咖啡树干上的分布规律及其种群动态研究 [J]. 西南农业学报，33(11)：2519-2523.

陈方洁，1962. 四川利用大红瓢虫防治吹绵蚧的经验 [J]. 植物保护学报，1(2)：33-38.

陈志粦，刘镜清，1990. 深圳口岸首次发现咖啡果小蠹 [J]. 广东农业科学 (3)：42，41.

邓晗嵩，2007. 同翅目蛾蜡蝉科 (f—tomoptera: flatidae) 生活习性及防治研究 [J]. 黔西南民族师范高等专科学校学报 (4)：122-124.

邓劲松，2010. 5% 吡虫啉丁硫克百威乳油对柑橘蚜虫的防治效果 [J]. 植物医生，23(5)：31-32.

丁丽芬，马巾媛，宋国敏，等，2014. 普洱市小粒咖啡绿蚧田间药效试验研究 [J]. 现代农业科技 (2)：139-141.

董文玲，2006. 白蛾蜡蝉生物学特性及防治研究 [J]. 林业调查规划 (S2)：159-161.

付兴飞，李贵平，黄家雄，等，2020. 咖啡重大害虫灭字脊虎天牛的研究进展 [J].

江西农业报，32(7)：50-56.

郭俊，赖新朴，高俊燕，等，2014.云南柠檬园橘臀纹粉蚧的发生及防治初探 [J].
植物保护，40(4)：157-160.

何建群，黄菊芬，2014.5 种药剂防治柑橘蚜虫田间药效试验 [J].植物医生，
27(6)：38-39.

黄银本，2001.咖啡木蠹蛾的生物防治 [J].生物学教学 (2)：42.

阚跃峰，崔向华，周林娜，等，2019.海南省芝麻田美洲斑潜蝇发生为害特点
及防治方法 [J].农业科技通讯 (10)：196-197.

邝炳乾，1965.咖啡根粉蚧习性及药剂防治试验初报 [J].昆虫知识 (6)：345-
348.

黎健龙，刘嘉裕，唐颢，等，2020.身披"时尚外衣"的咖啡木蠹蛾 [J].中国
茶叶，42(6)：10-12.

李贵平，2004.云南怒江干热河谷区咖啡绿蚧周年发生规律研究 [J].热带农业
科技 (3)：17-19，22.

李慧玲，刘丰静，王定锋，等，2012.白蛾蜡蝉的发生和防治 [J].茶叶科学技
术 (4)：24-25.

李荣富，王海燕，龙亚芹，2015.中国小粒咖啡病虫草害 [M].北京：中国农业
出版社：42-45.

李伟才，何衍彪，詹儒林，等，2012.广东龙眼害虫双条拂粉蚧发生危害初报 [J].
广东农业科学，39(6)：152-153，237.

刘朝萍，2009.柑橘白蛾蜡蝉的发生与防治技术 [J].植物医生，22(5)：25.

刘静远，陈志燊，焦懿，等，2004.水煮法快速检疫咖啡果小蠹 [J].植物检疫
(3)：145-146.

刘全俊，易璟，吴国星，等，2022.一株咖啡灭字脊虎天牛幼虫虫生真菌鉴定、
培养及致病力研究 [J].西部林业科学，51(5)：89-96.

娄予强，何红艳，杨旸，等，2023.咖啡绿蚧生物学及其防控技术研究进展 [J].
中国热带农业 (1)：21-32.

卢传权，陈俊，叶启贤，1997.美洲斑潜蝇的分布范围与寄主及其防治 [J].海

南大学学报（自然科学版）(3)：249-253.

潘蓉英，方东兴，何翔，2003. 咖啡木蠹蛾生物学特性的研究 [J]. 武夷科学，19：162-164.

蒲蛰龍，何等平，邓德，1959. 孟氏隐唇瓢虫和澳洲瓢虫的繁殖和利用 [J]. 中山大学学报（自然科学版）(2)：5-12.

陕西省植物保护工作站，1990. 陕西农业害虫天敌 [M]. 杨凌：天则出版社：255-257.

孙建忠，王洪建，2008. 三线钩蛾的生物学初步观察 [J]. 昆虫知识，45(4)：650-652.

田帅，2018. 美洲斑潜蝇发生规律与防治 [J]. 吉林蔬菜 (10)：29-30.

王林瑶，1990. 圆钩蛾科及钩蛾科的识别 [J]. 森林病虫通讯 (4)：32-35.

韦党杨，赵琦，1998. 柑桔粉蚧类害虫的重要捕食天敌——黄胸小瓢虫 [J]. 江西果树 (2)：27-28.

魏佳宁，况荣平，2002. 白僵菌 Beauveria bassiana 防治咖啡天牛 [J]. 中国昆虫科学（英文版）(2)：40-47.

杨文波，吴国星，徐志强，等，2017. 管氏肿腿蜂对咖啡灭字脊虎天牛寄生作用的研究 [J]. 环境昆虫学报，39(2)：405-410.

张洪波，李文伟，赵云翔，等，2002. 云南小粒咖啡灭字脊虎天牛为害严重的原因及防治研究 [J]. 云南热作科技 (4)：17-21，25.

张江涛，2018. 中国臀纹粉蚧族柊粉蚧族昆虫分类研究（半翅目：蚧总科：粉蚧科：粉蚧亚科）[D]. 北京：北京林业大学 .

张诒仙，1989. 咖啡盔蚧的自然防治 [J]. 福建热作科技 (3)：7.

郑勇，蒋智林，成文章，2016. 三种药剂对咖啡灭字脊虎天牛的防效比较 [J]. 普洱学院学报，32(3)：1-3.

郑勇，李孙洋，成文章，2018. 小粒咖啡病虫害防治 [M]. 昆明：云南大学出版社：148.

周又生，王华，周庆辉，等，2002. 咖啡旋皮天牛生态学及发生危害规律和治理研究 [J]. 西南农业大学学报 (5)：409-412，430.

朱广奇，龚巧枝，2005. 山核桃园咖啡木蠹蛾的发生与防治 [J]. 安徽林业 (4)：43.

祖国浩，杨泽宁，薛昊，等，2019. 寄生双条拂粉蚧的刻顶跳小蜂属 (*Aenasius*)（膜翅目：跳小蜂科）中国新记录 [J]. 东北林业大学学报，47(9)：2.

AHMAD I，2017. Integrated pest management of *Zeuzera coffeae* Nietner: an efficient approach to reduce the infestation of walnut trees[J]. Pakistan Journal of Zoology，49(2): 693-698.

AMEYAW GA，DZAHINI-OBIATEY HK，DOMFEH O，2014. Perspectives on cocoa swollen shoot virus disease (CSSVD) management in Ghana[J]. Crop Protection，65：64-70.

CASTILLO A，MARTÍNEZ F，GÓMEZ J，et al.，2019. Sterility of the coffee berry borer, *Hypothenemus hampei* (Coleoptera: Curculionidae), caused by the *Nematode metaparasitylenchus* Hypothenemi (Tylenchidae: Allantonematidae)[J]. Biocontrol Science and Technology，29(8)：786-795.

DIEUDILAIT M，VINICIUS SAMPAIO M，CELOTO FJ，2020. Activity of insecticides on coffee berry borer (*Hypothenemus hampei*) (Coleoptera: Curculionidae, Scolytinae)[J]. Bioscience Journal，36(4): 1099-1115.

EGONYU JP, BAGUMA J, OGARI I, et al., 2015. The formicide ant, *Plagiolepis* sp., as a predator of the coffee twig borer, Xylosandrus compactus[J]. Biological Control. 91: 42-46.

GUIDE BA，ALVES VS，FERNANDE TAP，et al.，2018. Selection of entomopathogenic nematodes and evaluation of their compatibility with cyantraniliprole for the control of *Hypothenemus hampei*[J]. Semina-Ciencias Agrarias，39(4): 1489-1502.

HARA AH，YALEMAR JA，JANG EB，et al.，2002. Irradiation as a possible quarantine treatment for green scale *Coccus viridis* (Green) (Homoptera: Coccidae)[J]. Postharvest Biology and Technology，25(3)：349-358.

HOLTZ AM，FRANZIN ML，PAULO HH，et al.，2016. Alternative control

Planococcus citri (Risso, 1813) with aqueous extracts of Jatropha[J]. Aagricultural Entomo-logy(83): e1002014.

HUANG P, YAO J, LIN Y, et al., 2021. Pathogenic characteristics and infection - related genes of *Metarhizium anisopliae* FM - 03 infecting *Planococcus lilacinus*[J]. Entomologia Experime- ntalis et Applicata：169(5)：437-448.

JARAMILLO J, BUSTILLO AE, MONTOYA EC, et al., 2005. Biological control of the coffee berry borer *Hypothenemus hampei* (Coleoptera : Curculionidae) by *Phymastichus coffea* (Hymenoptera : Eulophidae) in Colombia[J]. Bulletin of Entomological Research，95(5): 467-472.

KIRAN R, SHENOY KB, VENKATESHA MG, 2019. Effect of gamma radiation as a post-harvest disinfestation treatment against life stages of the coffee berry borer, *Hypothenemus hampei* (Ferrari) (Coleoptera: *Curculionidae*)[J]. International Journal of Radiation Biology，95(9)：1301-1308.

KIRAN R, SHENOY KB, VENKATESHA MG, 2020. Gamma radiation-induced DNA damage in adults of the coffee berry borer, *Hypothenemus hampei* Ferrari (Coleoptera: Curculionidae)[J]. International Journal of Tropical Insect Science，40(4)：773-779.

KUMAR CM, REGUPATHY A, 2006. Stem application of neonicotinoidsto suppress *Coccus viridis* (Green) population in coffee plantations[J]. Annals of Plant Protection Sciences，14(1)：73-75.

MA C, LIU H, LIU B, et al., 2022. Gamma and X-ray irradiation as a phytosanitary treatment against various stages of *Planococcus lilacinus* (Hemiptera: Pseudococcidae)[J]. Journal of Asia- Pacific Entomology，25(4)：102009.

MORALES AD, CASTILLO A, CISNEROS J, et al., 2019. Effect of spinosad combined with *Beauveria bassiana* (Hypocreales: Clavicipitaceae) on *Hypothenemus hampei* (Coleoptera: Curculio- nidae) under laboratory conditions[J]. Journal of Entomological Science，54(1)：106-109.

MUKASA Y, KYAMANYWA S, SSERUMAGA JP, et al., 2019. An atoxigenic L-strain of *Aspergillus flavus* (Eurotiales: Trichocomaceae) is pathogenic to the coffee twig borer, *Xylosandrus compactus* (Coleoptera: Curculionidea: Scolytinae)[J]. Environmental Microbiology Reports, 11(4): 508-517.

OGOGOL R, EGONYU JP, BWOGI G, et al., 2017. Interaction of the predatory ant *Pheidole megacephala* (Hymenoptera: Formicidae) with the polyphagus pest *Xylosandrus compactus* (Coleoptera: Curculionidea)[J]. Biological Control, 104: 66-70.

PANDEY M, KAYASTHA P, KHANAL S, et al., 2022. An overview on possible management strategies for coffee white stem borer[J]. Heliyon, 8(9): e10445.

PLATA-RUEDA A, MARTINEZ LC, COSTA NCR, et al., 2019b. Chlorantraniliprole-mediated effects on survival, walking abilities, and respiration in the coffee berry borer, *Hypothenemus hampei*[J]. Ecotoxicology and Environmental Safety, 172: 53-58.

PLATA-RUEDA A, MARTINEZ LC, DA SILVA BKR, et al., 2019a. Exposure to cyantraniliprole causes mortality and disturbs behavioral and respiratory responses in the coffee berry borer (*Hypothenemus hampei*)[J]. Pest Management Science, 75(8): 2236-2241.

RAJASHEKHAR M, RAJASHEKAR B, SATHYANARAYANA E, et al., 2021. Microbial pesticides for insect pest management:success and risk analysis[J]. International Journal of Environment and Climate Change, 11(4): 18-32.

RANGSAN C, SUTTIPRAPAN P, CHANBANG Y, 2016. Biology of green scale (*Coccus viridis* Green) and it's control by insecticides and entomopathogenic fungi in coffee plantation[J]. Journal of Agriculture, 32(1): 83-93.

REN L, QIAN L, XUE M, et al., 2022. Vapor heat treatment against *Planococcus lilacinus* Cockerell (Hemiptera: Pseudococcidae) on dragon fruit[J]. Pest Management Science, 78(1): 150-158.

REZENDE MQ, VENZON M, SANTOS PSD, et al., 2021. Extrafloral nectary-bearing leguminous trees enhance pest control and increase fruit weight in associated coffee plants[J]. Agriculture, Ecosystems and Environment, 319: 107538.

RODRIGUES-SILVA N, DE OLIVEIRA CAMPOS S, DE SÁ FARIAS E, et al., 2017. Relative importance of natural enemies and abiotic factors as sources of regulation of mealybugs (Hemiptera: *Pseudococcidae*) in Brazillian coffee plantations[J]. Annals of Applied Biology, 171(3): 303-315.

ROSA W, ALATORRE R, BARRERA JF, et al., 2000. Effect of *Beauveria bassiana* and *Metarhizium anisopliae* (Deuteromycetes) upon the coffee berry borer (Coleoptera: Scolytidae) under field conditions[J]. Journal of Economic Entomology, 93(5): 1409-1414.

SUBRAMANIAM TV, 1934. The Coffee Stem Borer[J]. Bulletin Department of Agriculture Mysore State Entomology, 11: 1-18.

SUDARMADJI D, 1990. The use of natural enemies for controlling pests for estate crops[J]. Makalah, 14: 161-169.

WEI JN, KUANG RP, 2002. Biological control of coffee stem borers, xylotrechus Qu' ardrlpes and acalolepla cervznus, by beaweha basszma preparation [J]. Entomologla Sinica, 9(2): 43-50.

WU H, ZHANG Y, LIU P, et al., 2014. *Cryptolaemus montrouzieri* as a predator of the striped mealybug, *Ferrisia virgata*, reared on two hosts[J]. Journal of Applied Entomology, 138(9): 662-669.

YAHYA HSA, 1982. Observations on the feeding behaviour of barbet (*Megalaima* sp.) in coffee estates of South India[J]. Journal of Caffeine Research, 12: 72-76.

YOUSUF F, FOLLETT PA, GILLETT CPDT, et al., 2021. Limited host range in the idiobiont parasitoid *Phymastichus coffea*, a prospective biological control agent of the coffee pest *Hypoth- enemus hampei* in Hawaii[J]. Journal of Pest Science, 94(4): 1183-1195.

ZHANG H，ZHAO X，CAO X，et al.，2022. Transmission of areca palm velarivirus 1 by mealybugs causes yellow leaf disease in betel palm (*Areca catechu*)[J]. Phytopathology，112(3)：700-707.

第四部分

咖啡园草害

薇甘菊

薇甘菊又名小花假泽兰（*Mikania micrantha* Kunth），是菊科假泽兰属（*Mikania*）的多年生藤本植物，含有丰富的种子，能快速传播并覆盖侵入地的生境。其繁殖能力强，生长迅速，茎节随时可以生根并进行营养繁殖，是世界十大有害杂草之一，被我国林业部定为全国检疫性有害生物，并冠以"植物杀手"之称，全球约有430多个种，起源于中美洲和南美洲。在我国，大约在1910年，薇甘菊作为杂草在香港首次出现，并于1950—1960年在香港地区快速蔓延，1984年在深圳首次发现，到20世纪80年代末传入广东沿海地区，现已广泛分布于亚洲热带地区，并对珠江三角洲地区生态系统造成严重的威胁（孔国辉等，2000）。2008年之后已广泛分布于珠江三角洲地区。目前，主要分布于我国的广东、云南、海南、广西、香港、台湾及澳门等地（何海燕，2016）。薇甘菊已经成为世界上为害最严重的100种外来入侵物种之一，同时，也是中国首批外来入侵物种。薇甘菊的防治是一个世界性的难题，随着对薇甘菊研究的深入，在薇甘菊防治方面取得了显著的进展，但是未能从根本上防治薇甘菊，因此薇甘菊的防治工作仍须开展大量的研究。

一、形态特征

薇甘菊为多年生草质或木质藤本，茎细长，匍匐或攀缘，多分枝，被短柔毛或近无毛，幼时绿色，近圆柱形，老茎淡褐色，具多条肋纹。茎中部叶三角状卵形至卵形，长4～13厘米，宽2～9厘米，基部心形，偶近截形，先端渐尖，边缘具数个粗齿或浅波状圆锯齿，两面无毛，基出3～7脉；叶柄长2～8厘米；上部的叶渐小，叶柄亦短。头状花序多数，在枝端常排成复伞房花序状，花序渐纤细，顶部的头状花序花先开放，依次向下逐渐开放，头状花序长 4.5～6.0 毫米，含小花 4 朵，全为结实的两性花，总苞片 4 枚，狭长椭圆形，顶端渐尖，部分急尖，绿色，长 2.0～4.5 毫米，总苞基部有一线状椭圆形的小苞叶（外苞片），长 1～2 毫米，花有香气；花冠白色，脊状，长 3～4 毫米，檐部钟状，5 齿裂，瘦果长 1.5～2.0 毫米，黑色，被毛，具 5 棱，被腺体，冠毛由 32～40 条刺毛组成，白色，长 2～4 毫米（孔国辉等，2000）。

薇甘菊

二、分　布

在国外分布于印度、孟加拉国、斯里兰卡、泰国、菲律宾、马来西亚、印度尼西亚、巴布亚新几内亚、毛里求斯、澳大利亚、中南美洲各国、美国南部等（孔国辉等，2000）。在我国最早记录在香港，19 世纪 80 年代作为观赏植物引入中国香港动植物园，后传播至广东沿海地区，至 2009 年在广东已广泛分布 15 个市 49 个县，东至潮安，西至湛江，北至华东以及粤西的北部（昝启杰等，2000；何海燕，2016；任行海，2021）。1983 年在云南首次报道薇甘菊，至 2015 年扩散至 5 个州（市）13 个县（李云琴等，2019）。薇甘菊在云南省的分布已经扩散到德宏、保山、临江以及怒江共 4 州（市）11 县，覆盖面积 45.14 万亩。范志伟等 2003 年首次在海南发现薇甘菊，此后迅速扩散（范志伟等，2010）。

三、生长环境

薇甘菊具有喜光好湿的特性，酸性土壤更有利于薇甘菊的生长繁殖，平均生长温度为 21℃。目前薇甘菊主要分布在年平均气温大于 1℃；平均风速大于 2 米 / 秒，有霜日数少于 5 天，寒潮较轻、寒露风较轻的地区，因此，在我国北纬 24° 以南地区均可能生存，如海南、香港、广东、广西、台湾、福建、湖南、四川、云南、贵州等地的部分地区（任行海，2021）。

四、防治方法

（一）植物检疫

植物检疫是通过国家立法和使用行政手段的方法防控有害生物传播的方法。目前，针对薇甘菊的防治，应该根据其生物学特性、分布范围、传播方式制定特定的检疫方式。一方面有效阻止薇甘菊的种子、苗木在运输过程中的传播，同时强化薇甘菊定植地的防控管理；另一方面，对薇甘菊的分布地区进行一次彻底普查，根据其分布范围采取适当的防治方式。尽可能从源头处防控薇甘菊，防止其造成更大的损失。

（二）物理防治

物理防治主要是利用人工或机械大面积的铲除薇甘菊（李鸣光等，2012）。利用物理防治的方法在入侵地区对薇甘菊的进行清理，这种方法在短期内可使薇甘菊的覆盖度明显减少，但在 3～6 个月内，防除地的薇甘菊又会很快恢复，因此，必须反复不断加以清除。物理防治适用于薇甘菊的小面积入侵，同时消耗了大量的劳动力，不但增加了经济上的投入，而且防治效果不显著，不能达到彻底清除薇甘菊的目的（何海燕，2016）。

（三）化学防治

化学防治是目前最重要的防治方法，化学防治收效快，投入少，操作简单，是目前广泛使用的薇甘菊防治方法。因为薇甘菊的种子从未防治区域传播到防治区的速度很快，所以小面积的防治效果较差，为了得到较好的化学防治效果，一般在几十至几千公顷的范围进行防除效果较好（何海燕，2016）。胡玉佳和毕培曦报道体积分数 0.4%"草坝王"和体积分数 0.2%"毒芳定"对薇甘菊的幼苗具有较好的防治效果。利用体积分数 25% 的森泰水剂注射薇甘菊，可在 5～6 个月内彻底清除薇甘菊（胡玉佳和毕培曦，1994）。据黄华枝等（2008）报道，甲磺隆、氯磺隆分别添加不同的助剂，对薇甘菊的防效具有明显的提升效果。黄茂俊等（2013）利用"紫薇清"进行薇甘菊防治试验，取得了较好的防治效果。据报道，黄志容等（2011）研制出专杀薇甘菊的"除薇灵"农药，并在广州、深圳和惠州等地多次大面积试验中取得良好效果，并通过了省级专家组验收。目前，在全国大面积使用的化学药剂为森草净 (甲嘧磺隆) 和草甘膦，在内伶仃岛、深圳和中国香港地区使用效果良好。森草净 (嘧磺隆) 是唯一大面积使用的化学防治薇甘菊的药剂（昝启杰等，2001）。此外，辛酰溴苯腈 375 克 / 公顷、麦草畏 216 克 / 公顷、2,4- 滴钠盐 125 克 / 公顷、氯氟吡氧乙酸 180 克 / 公顷、氯氟吡氧乙酸异辛酯 150 克 / 公顷、草铵膦 540 克 / 公顷、草甘膦异丙胺盐 922.5 克 / 公顷、灭草松 1440 克 / 公顷、氨氯吡啶酸、三氯吡氧乙酸等对薇甘菊也具有较好的防治效果（任行海，2021）。虽然使用化学农药具有实用性和见效快等优点，但是由于一些除草剂的难降解性，对生态环境造成了严重的负面影响，从而增加了防治成本，因此化学防治只有在薇甘菊发生严重时方可进行应用。

（四）生物防治

生物防治具有成本低、环保、对非靶标生物没有直接毒性等特点，因而显得越来越重要。但是薇甘菊的生物防治体系没有完全建立起来，方法还不成熟，且生物防治的防治面比较窄，容易受环境，气候等外在因素的影响，利用生物防治薇甘菊还须进一步研究。

1. 植物化感作用的利用

植物的化感作用是指植物通过自身向环境中释放化学物质从而促进或抑制周围的植物生长发育的现象。薇甘菊具有强势入侵性、容易形成优势种群和单纯群落的特点。有研究显示，凤凰木（*Delonix regia*）、空心莲子草（*Alternanthera philoxeroide*）、异型莎草（*Cyperus difformis*）、水蓼（*Polygonum hydropiper* L.）、三叶鬼针草（*Bidens pilosa* L.）、芒萁（*Dicrano pterispedata*）、幌伞枫（*Heteropanax fragrans* (Roxb.)Seem）、少花龙葵（*Solanum photeinocarpum*）、血桐（*Macaranga tanarius* L.）、五爪金龙（*Ipomoea cairica*）等对薇甘菊都有较强的化感作用，可通过释放化感物质影响薇甘菊的呼吸、光合作用等从而影响其正常生长（郭耀纶等，2002；蔡志军，2005；赵厚本等，2007；徐高峰等，2009；成秀媛，2006）。由于化感作用的机制复杂，要利用化感作用来防治薇甘菊，有待更深入的研究。

2. 潜在昆虫天敌的利用

据报道，在薇甘菊的原产地美洲热带地区有9种主要天敌和22种次要天敌（Cock，1982；Cock et al.，2000）。假泽兰滑蓟马（*Liothrips mikania*）作为薇甘菊的主要天敌，在所罗门群岛和马来西亚曾被用于控制薇甘菊，但因为蓟马天敌和其他因素的影响，该蓟马未能建立自然种群（Cock，2009）。有研究表明，薇甘菊可以作为小蓑蛾（*Acanthopsyche* sp.）的食物，但其也是森林害虫，利用其防治薇甘菊的难度较大。紫红短须螨（*Brevipalpus phoenici*）对薇甘菊的防治具有显著的效果，但仍须进一步探索和论证（陈瑞屏等，2003）。艳婀珍蝶（*Actinote thaliapyrrha*）和安婀珍蝶（*Actinote anteas*）也曾被报道对薇甘菊的防治具有一定的效果，因为其安全性和环境因素的影响，也未能投入使用（De Chenon，2003；刘雪凌等，2007；李志刚等，2005；张玲玲等，2006）。研究发现薇甘菊颈盲蝽（*Pachypeltis* sp.）也是薇甘菊防治的一种重要昆虫资源（泽桑梓等，2013）。

3. 寄生植物的利用

华南地区侵染薇甘菊的菟丝子共有 3 种，即田野菟丝子（*Cusctaa campestris* Yuncker）、菟丝子（*C. chinensis* Lam.）和南方菟丝子（*C. australis* R. Br.）。但从大面积防治薇甘菊的效果来看，田野菟丝子寄生能力和防治效果最好（何海燕，2016）。田野菟丝子是世界上分布最广的寄生植物之一。自 1972 年，田野菟丝子首次被报道其可以抑制薇甘菊的生长以来，关于它对薇甘菊生物量、生理作用和生态作用的研究一直在进行（韩诗略等，2001）。2000 年，廖文波等在粤东地区实地调研薇甘菊的分布与危害时，发现菟丝子侵染薇甘菊的现象，尤其是田野菟丝子可大量侵染薇甘菊并可致其死亡（廖文波等，2002）。进一步的研究证明薇甘菊是菟丝子的寄主之一，菟丝子对薇甘菊的生长具有抑制作用，在较小的地区内，可有效控制薇甘菊的生长与繁殖。因此，有学者提出利用菟丝子对薇甘菊的化感作用来防治薇甘菊，深圳已经大面积利用其防治薇甘菊（王伯荪等，2002；昝启杰等，2002；邓雄等，2003）。申时才等（2012）提出利用甘薯（*Ipomoea batatas* L.）吸收养分的能力强于薇甘菊的特性来防治薇甘菊。Zhou 等（2016）试验发现竹草（*Panicum incomtum* Trin.）、象草（*Pennisetum purpureum* Schum.）、斑茅（*Saccharum arundinaceum* Retz.）、蔓生莠竹 [*Microstegium vagans* (Neesex Steud.) A. Camus]、坚尼草（*Panicum maximum* Jacq.）和菅草尾 [*Themeda caudate* (Nees) A. Camus] 6 种杂草能有效防治薇甘菊。

4. 微生物防治

对巴西南部地区分布的薇甘菊进行调查，发现多种病原真菌可用于生物防治（Barreto & Evans，1995）；程伟文等调查发现豆荚大茎点病菌（*Macrophoma mame*）可造成薇甘菊的叶斑病（程伟文等，2004）。任行海（2021）研究发现，薇甘菊柄锈菌（*Puccinia spegazzinii*）也对薇甘菊的防治具有一定的效果。此外，陈亮等（2011）研究指出，薇甘菊的成功入侵会打破本地植物与微生物的群落平衡，同时，通过改变土壤的理化性质、真菌和细菌的数量，使其形成有利于自身繁殖而不利于其他植物生长的生物群落，使得薇甘菊在侵入地大肆蔓延，在此基础上，可以探索利用微生物来防治薇甘菊。

5. 分子技术防治

随着分子生物学的飞速发展以及转录组技术的出现。洪岚等将薇甘菊的显性雄性不育基因 PS1-BARNASE 导入薇甘菊，培育出了雄性不育的薇甘菊，用来抑制薇甘菊的繁殖（洪岚等，2005）。另外，有研究表明，MMWV（*Mikania micrantha* wilt virus）是由一组完整的 RNA 基因组序列表达产生的病毒，薇甘菊感染该病毒后会出现叶片枯萎皱缩的现象，可以抑制薇甘菊的入侵（Wang et al.，2008；王瑞龙等，2013）。蒋露等（2016）从分子水平来分析薇甘菊的演变过程、遗传多样性与传播距离的关系、传播的方式、种间竞争力的关系、入侵机制和倍性之间的关系，以此来寻找防治薇甘菊的方法。

（五）薇甘菊的生态防治

群落改造是通过改变树林和群落结构，营造不利于薇甘菊生长的群落环境以达到控制薇甘菊的目的。种植适宜当地生长的乔木灌草植物或者促进野生植物生长，使其形成稳定的生态群落，可持续有效地抵御薇甘菊的侵害。何海燕（2016）研究发现薇甘菊的生长密度与周围植物生长密度呈负相关。周围植物的密度足够大时，能阻止薇甘菊的生存繁殖。因此，群落的成功改造对薇甘菊的防治具有深远意义。已有报道表明，血桐（*Macaranga tanarius* L.）、幌伞枫 [*Heteropanax fragrans* (Roxb.) Seem.]）（成秀媛，2006）、阴香（*Cinnamomum burmannii*）对薇甘菊具有极强的抗性，同时形成了不利于薇甘菊生长繁衍的林地，在此基础上可利用生态公益林进行防治薇甘菊的相关研究（张玲玲等，2006）。

假臭草

假臭草 [*Praxelis clematidea* (Griseb.) R. M. King et H. Rob.] 别名猫腥菊，揉搓叶片可闻到类似猫尿的刺激性味道，属于双子叶植物纲（Dicotyledoneae）菊目（Asterales）菊科（Compositae）泽兰属（*Eupatorium*），一年生或短命的多年生草本植物。原产于南美洲，现入侵亚洲和大洋洲等地，入侵各种生境后对生态系统生物多样性及农业生产造成严重影响，属于区域性恶性杂草（林美宏等，2020）。

一、形态特征

全株被长柔毛，茎直立，高 0.3～1.0 米，多分枝；叶对生，叶长 2.5～6.0 厘米，宽 1～4 厘米，卵圆形至菱形，具腺点，先端急尖，基部圆楔形，具 3 脉，边缘明显齿状，每边 5～8 齿，急尖；叶柄长 0.3～2.0 厘米，揉搓叶片可闻到类似猫尿的刺激性味道；头状花序生于茎、枝端，总苞钟形，（7～10）毫米×（4～5）毫米，总苞片 4～5 层，小花 25～30 朵，藏蓝色或淡紫色；花冠长 3.5～4.8 毫米；瘦果长 2～3 毫米，黑色，具白色冠毛，冠毛长约 4 毫米（李振宇等，2002）。

二、分　布

原产于南美洲，现广泛分布于东半球热带地区，美国、巴西、玻利维亚、秘鲁、阿根廷、巴拉圭、澳大利亚等国多个地区广泛分布。我国深圳、广东、福建、澳门、香港、台湾、海南等地广泛分布（郭琼霞等，2015）。

假臭草

三、生长环境

喜较湿润及阳光充足的环境，但适应性强，对土壤及水分条件要求不严，常生长于路边、荒地、农田和草地等，在低山、丘陵及平原普遍生长（林美宏等，2020）。

四、生物学特性

在热带亚热带地区，花期一般为5—11月，但一些植株花期可为全年；种子成熟和飘落通常贯穿夏秋两季，传播能力极强，在适宜条件下，种子全年可以萌发；近来还发现，假臭草嫩枝极容易扦插生根成活，说明其可进行无性生殖。

　　假臭草常常形成高 0.3～1.0 米的浓密植丛，导致下层低矮植被很难生长，因而逐渐变成优势种，形成单一群丛，导致当地生态系统的结构和功能发生变化。另外，假臭草对土壤养分的吸收力较强，易于消耗土壤肥力，对土壤的可耕性破坏极为严重。它还能分泌一种有毒且具恶臭的物质，影响家畜觅食。入侵早期主要表现为地上竞争，入侵后期地上、地下化感作用和地下竞争并存，其入侵造成土壤养分的大量消耗，降低了土壤质量，减弱了微生物群落功能的多样性，排斥本土植物，因而对其入侵地区生物物种的生存构成了很大威胁，并给当地社会经济发展造成严重损失，已成为华南地区为害最为严重的恶性杂草之一（王真辉等，2006）。

　　王真辉等（2006）研究中发现，假臭草枯落物容易腐烂分解，可作为压青材料，化作肥料，为作物提供养料。

五、防治方法

1. 植物检疫

　　目前假臭草在我国华南各省份迅速蔓延，对于还没被入侵的地区应加强检疫，预防其入侵当地（王真辉等，2006）。

2. 物理防治

　　假臭草入侵时间短、发生范围小且数量少的地区可采用物理防治的方法，人工拔除或烧毁。由于假臭草可以进行无性繁殖，茎部及嫩枝可生出新根在土中成活，所以拔除须彻底，以防其再次生长。同时，在清除后应对其进行监测，确保不再生长和蔓延。

3. 化学防治

　　马永林等（2013）采用茎叶喷雾法筛选对假臭草防除效果较好的除草剂，

结果发现草铵膦单剂和草甘膦异丙胺盐加二甲四氯钠复配剂最为高效。建议在实际应用中交替施用。对于掉落在土壤中的假臭草种子，可用乙草胺进行出芽前封杀，之后再利用草甘膦等进行防除。化学防治具有实施简易便捷、起效快的优点，但长期施药易产生抗药性问题，并对环境有较大影响，易造成周边水质、土壤污染，故应谨慎使用（林美宏等，2020）。

4. 生物防治

杨叶等（2012）在进行海南省假臭草叶斑病菌分离鉴定研究中发现，子囊菌对假臭草具有较强的致病力。王真辉等（2007）研究发现，丛枝病可显著抑制假臭草生长及其种子传播，蚜虫可作为丛枝病的传播媒介，加快该病扩散，提高对假臭草生长和繁殖的抑制效果。此外，钟军第等（2016）研究说明，某些植物提取物也有抑制假臭草的作用，如窿缘桉凋落叶的提取液、剑麻叶的水浸液和三氯甲烷浸提液，均能抑制假臭草种子萌发和幼苗生长。王旭萍等（2020）发现，石刁柏茎叶提取液对假臭草幼苗和根茎的生长均有抑制作用，且浓度越大作用越强。引入天敌来防治外来入侵有害生物须谨慎，避免形成新的生物入侵（林美宏等，2020）。

胜红蓟

胜红蓟（*Ageratum conyzoides* L.），菊科植物藿香蓟的全草，别名有白花草、脓泡草、绿升麻、白毛苦、白花臭草、消炎草、胜红药、水丁药、鱼腥眼、紫红毛草、广马草。胜红蓟为我国南部低海拔区域农田和果园恶性杂草，同时也具备一定的药用价值（强胜和曹学章，2000）。胜红蓟由于能产生和释放多种化感物质而具有异株克生作用，在农田生态系统中常成为优势种，严重阻碍农作物的生长，给农业生产带来了极大的危害（强胜和曹学章，2001）。

一、形态特征

一年生草本，一般高 50～100 厘米，有时又不足 10 厘米。无明显主根。

一般茎粗壮，基部径 4 毫米，或少有纤细的，而基部径不足 1 毫米，不分枝，或自基部或自中部以上分枝，或下基部平卧而节常生不定根。全部茎枝淡红色，或上部绿色，被白色尘状短柔毛或上部被稠密开展的长绒毛。

叶对生，有时上部互生，常有腋生的不发育叶芽。中部茎叶卵形、椭圆形或长圆形，长 3～8 厘米，宽 2～5 厘米；自中部叶向上、向下及腋生小枝上的叶渐小，小卵形或长圆形，有时植株全部叶小，长仅 1 厘米，宽仅 0.6 毫米。全部叶基部钝或宽楔形，基出 3 脉或不明显 5 脉，顶端急尖，边缘圆锯齿，有长 1～3 厘米的叶柄，两面被白色稀疏的短柔毛且有黄色腺点，上面沿脉处及叶下面的毛稍多，有时下面近无毛，上部叶的叶柄或腋生幼枝及腋生枝上小叶的叶柄通常被白色稠密开展的长柔毛。

头状花序 4～18 个在茎顶排成紧密的伞房状花序；花序径 1.5～3.0 厘米，少有排成松散伞房花序式的。花梗长 0.5～1.5 厘米，被尘球短柔毛。总苞钟状或半球形，宽 5 毫米。总苞片 2 层，长圆形或披针状长圆形，长 3～4 毫米，外面无毛，边缘撕裂。花冠长 1.5～2.5 毫米，外面无毛或顶端有尘状微柔毛，檐部 5 裂，淡紫色。

瘦果黑褐色，5 棱，长 1.2～1.7 毫米，有白色稀疏细柔毛。冠毛膜片 5 个或 6 个，长圆形，顶端急狭或渐狭成长或短芒状，或部分膜片顶端截形而无芒状渐尖；全部冠毛膜片长 1.5～3.0 毫米。花果期全年（中国科学院中国植物志编辑委员会，1985）。

胜红蓟

二、分　布

胜红蓟起源于墨西哥及邻近地区，我国首次发现或引入的时间及地点是19世纪香港，随后蔓延到华南和西南地区，如广东、广西、福建、云南、海南及台湾等地普遍发生。随着其入侵范围的扩大，目前已在我国的多个省份报道了其分布和为害情况，范围扩展到了贵州、四川和重庆等西南地区，安徽和浙江等华东地区，江西、湖北、湖南、河南等华中地区，甚至北京和河北等华北地区也发现了其踪迹（林敏等，2011）。生于山谷、山坡林下或林缘，荒坡草地常有生长（郝建华和强胜，2005）。

三、生物学特性

一年生草本植物，单叶对生或顶端互生，叶卵形或菱状卵形，具三出脉。头状花序小，直径约0.6厘米，有多数小花，常在茎顶再排成紧密的伞房状。花全部管状，花冠蓝紫色或白色，顶端5齿裂。瘦果稍呈楔形，黑色，具5纵棱，顶端具5枚膜片状冠毛，上部渐狭成芒状。以种子或扦插繁殖，北方花期6—10月，果实成熟期为8—11月，南方终年开花结实（李扬汉，1998）。林敏等（2011）研究表明，胜红蓟种子具有较强的生命力和适应能力，刚成熟的胜红蓟种子遇到合适的环境就能萌发，在不适应的环境中胜红蓟种子萌发的时间延长，甚至不萌发，一旦遇到适合的环境，种子又能迅速萌发。胜红蓟在生育期间遇不利生长环境，生育期会自动缩短，尽早开花结实。

四、生态学特性

常见于果园、农田、路旁和荒地等，具有耐旱、耐热、对土壤适应性强等特性，常在入侵地形成单优或共优群落。郝建华和强胜（2005）研究发现，胜红蓟是一种具有较为强烈的异株克生作用特性的植物，能显著降低受体植物的叶绿素含量或叶绿素合成的酶系统，并且在化感物质之间存在显著的协同作用。胜红蓟既具有能防御昆虫侵袭又能对周围植物进行抑制作用的一物多用的生态功能，有力地增强了生态竞争能力，这也是胜红蓟广泛分布并成为优势种群的重要原因之一。

五、防治方法

胜红蓟一旦入侵农田后会造成农作物减产，对于入侵草坪、花生田的胜红蓟可以采取 R- 异丙甲草胺、乙羧氟草醚等进行化学防除（马跃峰等，2002；李华英和李正扬，2002；李华英等，2005）。Saunders 等（2000）研究发现，番茄曲叶病毒可感染胜红蓟，Jiang 和 Zhou（2004）发现一种由粉虱传播的双生病毒可感染胜红蓟，Shama 等（2001）在印度发现，胜红蓟能被一种黄色花叶病毒感染，捷克的研究者 Kashina 等（2003）发现，胜红蓟可作为番茄曲叶病毒（Tanzania）的寄主。因此，可考虑将病毒提取物作为胜红蓟生物防除的手段之一。

阔叶丰花草

　　阔叶丰花草（*Spermacoce latifolia*）为茜草科多年生披散草本，在广东和广西俗称"日本草"，在云南俗称"猪食草"（杨子林，2009；张泰劼等，2019）。阔叶丰花草利用种子繁殖，生长繁殖迅速，原产地为南美洲热带地区，目前世界热带地区广泛逸生，已成为恶性杂草（曹晓晓等，2013）。

一、形态特征

　　一年到多年直立生长植物，高达 1 米，具主根，四方茎，白色花冠，腋生聚伞花序，当有侧枝时，花序着生于侧枝对侧面的叶腋，没有侧枝时，花序在同一个节两片叶子的叶腋均有分布（翁文烽，2021）。在我国，阔叶丰花草为一年生植物，多呈匍匐状，全株被毛，淡绿色，可分枝，其茎和枝为四棱柱形，叶为单叶、对生，椭圆形至卵状椭圆形，长 2～2.7 厘米，宽 1～4 厘米，基部阔楔形而有下延，羽状脉显著，腹面叶脉下凹，背面凸出（杨子林，2009）。叶柄短，长约 1 厘米，托叶与叶柄全生成鞘状，托叶鞘顶端截形且具有条形裂片数枚，鞘及裂片均被红色柔毛，裂片间各有绿色短齿 1 枚（暨淑仪等，1995）。花数朵丛生于托叶鞘内，腋生聚伞花序，花无柄，密集，花序基部有膜质的鞘状总苞，总苞形态与托叶相似，但较短而薄；花细小，长约 7 毫米，花萼被柔毛，上部柔毛较长，向下渐短，萼长 3～4 毫米，萼管倒圆锥状；花冠漏斗状，淡紫色，顶端 4 裂。种子 1～2 颗，种脐位次于凹槽中央，具丰富的胚乳，成熟时沿心皮腹缝线裂成 2 瓣；蒴果棒形，长度为 0.25 厘米左右，宽度为 0.16 厘米左右，千粒重（1.78±0.02）克（张泰劼等，2019）。

阔叶丰花草

二、分布

起源于热带美洲，现今已经向北扩张到美国的佛罗里达州，向南扩张到南美洲的巴拉圭，并且在全球的热带及亚热带地区已经基本成为归化种。除了美洲以外，阔叶丰花草主要发生的地区为西印度群岛、欧洲（西班牙）、非洲（包括加纳、几内亚、科特迪瓦、利比里亚、尼日利亚、塞内加尔、塞拉利昂、乌干达、马达加斯加）、亚洲（包括印度、孟加拉国、尼泊尔、斯里兰卡、中国、日本、缅甸、老挝、泰国、柬埔寨、越南、新加坡、马来西亚、印度尼西亚）、澳大利亚、新西兰和太平洋岛屿（包括斐济、夏威夷、密克罗尼西亚、帕劳、萨摩亚和社会群岛）（张泰劼等，2019）。

三、生态学特性

在热带和亚热带地区都具备较强的适应性，能忍耐贫瘠和酸性土壤，其萌发和生长周期随着纬度的变化呈现地理梯度的变化。在以印度喀拉拉邦（Kerala）的德里久尔（Thrissur）（北纬 10°）为代表的热带地区，阔叶丰花草一年内可以发生 2 批，第一批在 3—4 月夏雨来临时开始萌发，在 5—6 月西南季风到来时达到萌发的顶峰，8 月以后其种群开始衰落；9—11 月随着东北季风到来，第二批阔叶丰花草开始萌发，其生长能持续到翌年 3 月，因此阔叶丰花草在田间常年存在。在云南临沧（北纬 24°）的调查显示，阔叶丰花草种子4 月开始大量萌发，5 月便进入生长盛期，从 6 月开始至 10 月陆续开花结果，花期可延续到 12 月。在浙江温州（约北纬 28°）观察发现，阔叶丰花草种子4—5 月开始陆续萌发，7 月中旬至 9 月中旬为生长高峰，随后植物生长速度逐渐减缓，到 10 月下旬停止生长，之后进入枯萎期（曹晓晓等，2013；张泰劼等，2019）。

阔叶丰花草在田间的种群发生密度较大，从而压制其他杂草的生长，形成单优种群（张泰劼等，2019）。曹晓晓等（2013）研究发现，荒地中阔叶丰花草成年植株的平均密度为 73.9 株 / 米^2，单株总结实量平均为 723.0 粒种子，其中分枝的结实量占总单株结实量的 73.6%。

四、防治方法

马永林等（2013）研究发现，阔叶丰花草对草甘膦具有较高耐药性，一般不适宜用草甘膦进行防治。但在柑橘园的试验发现，用高剂量的草甘膦（有效

成分 1950 克 / 公顷）进行茎叶喷雾，对阔叶丰花草也有一定防治效果，药后
30 天的鲜重防效为 90%。柑橘园阔叶丰花草还可以用有效成分为 1350～1800
克 / 公顷的草铵膦防治，药后 30 天的鲜重防效为 94%～99%。李华英等
（2009）在进行甘蔗田间杂草防除试验时发现，对甘蔗田中的阔叶丰花草用有
效成分为 30～60 克 / 公顷的三氟啶磺隆钠盐防治，防效接近 100%。除了化
学除草剂外，李朝会等（2014）证实了苦楝枝叶和水芹菜植株含有可抑制阔叶
丰花草种子萌发和幼苗生长的天然化合物。

小飞蓬

　　小飞蓬 [*Conyza canadensis* (L.) Cronq.]，别名小蓬草、加拿大蓬、小白酒草、祁州一枝蒿。属双子叶植物纲（Dicotyledoneae）菊目（Asterales）菊科（Compositae）白酒草属（*Conyza*），为越年生或一年生草本植物。是一种常见外来入侵植物，在我国为恶性杂草，影响当地生态功能和结构，对农、林、牧、副业造成重大损害（Weaver，2001；Wiese et al.，1995）。

一、形态特征

　　成株高 40～120 厘米，全体绿色。茎直立，有细条纹及脱落性疏长毛，上部多分枝。基部叶近匙形，上部叶线形或披针形，无明显的叶柄，叶全缘或有裂，边缘有睫毛。头状花序直径 4～5 毫米，有短梗，再密集成圆锥状或伞房圆锥状花序；头状花序外围花雌性，细筒状，长约 3 毫米，先端有舌片，白色或紫色；管状花位于花序内方，长约 2.55 毫米，檐部 4 齿裂，稀少为 3 齿裂。种子繁殖，以幼苗和种子越冬。瘦果长圆形，长 1.22～1.50 毫米，稍扁平，淡褐色，略有毛，冠毛污白色，刚毛状，长 2.5～3.0 毫米。子叶对生，阔椭圆形或卵圆形，长 3～4 毫米，宽 1.5～2.0 毫米，基部逐渐狭窄成叶柄；初生叶 1 片，椭圆形，长 5～7 毫米，宽 4～5 毫米，先端有小尖头，两面疏生伏毛，边缘有纤毛，基部有细柄；第二、第三叶和初生叶相似，但毛更密，两侧边缘有单个小齿（李扬汉，1998）。

小飞蓬

二、分　布

原产于北美洲，世界各地广泛分布，但主要在北温带比较常见，几乎遍布整个美国、西欧以及地中海沿岸地区，并且在澳大利亚和日本也有分布。在我国广泛分布于黑龙江、吉林、辽宁、内蒙古、河北、山西、陕西、河南、山东、安徽、江苏、浙江、江西、湖北、台湾、四川、贵州、云南、上海等地（徐海根等，2004）。

三、生长环境

小飞蓬较易入侵河滩、渠旁、铁路、公路边、抛荒地、住宅四周等，一些荒废的农田、退化的森林、遭受过火灾或未改进的牧场也是小飞蓬容易侵占的场所。喜阳、耐寒，土壤要求排水良好但周围要有水分，易形成大片群落（Powell et al.，2011；Kong et al.，2017）。

四、生物学特性

主要靠种子繁殖，种子成熟后，即随风飘扬，落地以后，作短暂休眠，在10月中旬开始出苗，除了12月到翌年2月的严寒期间极少发生外，直至翌年的5月均有出苗，10月和4月为两个出苗的高峰期。花期7—9月。种子于8月末即渐次成熟随风飞散（高侃，2007；张帅，2010）。

小飞蓬于夏秋季形成单一优势杂草群落，并构成明显景观，对果园、旱作物农田、苗圃等的土壤结构和肥力影响很大，降低土壤的营养水平，改变土壤的pH值，影响其他植物生长（林意忠等，2021）。

高兴祥等（2006；2009；2010；2015）多年研究表明，小飞蓬会向环境中释放丰富的化感物质，通过化感作用影响其他植物生长，小飞蓬乙酸乙酯和乙醇提取物对黄瓜、高粱、油菜、小麦的幼苗生长具有很强的抑制作用。

高兴祥等（2006）研究发现，小飞蓬全草富含挥发油，其中含柠檬烯、芳香醇、乙酸亚油醇酯及醛类、母菊酯、去氢母菊酯和矢车菊属烃。地上部分含β-檀香萜烯、花侧柏烯、β-雪松烯、α-姜黄烯、γ-荜澄茄烯、柠檬烯、醛类、松油醇、二戊烯、枯牧烯、邻苄基苯甲酸、皂苷、高山黄芩苷、γ-内酯类、苦味质、树脂、胆碱、维生素 C 等。

小飞蓬具有抗炎抗菌作用，其地上部分石油醚和乙醇提取物对大鼠角叉菜胶所致甲醛性足肿胀有抑制作用。樊绍钵发现石油醚提取物中的 β- 雪松烯是抗炎活性成分（樊绍钵，1995）。李新等（2004）进行小飞蓬全草醚提取液体内外抑菌作用试验，发现小飞蓬还可用于治疗细菌性痢疾，此外还可用于治疗伤口、关节炎引起的肿胀和疼痛，也可治疗腹泻、痢疾、癌症、支气管炎和膀胱炎等。

五、防治方法

小飞蓬对草甘膦等除草剂耐药性较强。在非耕地或灭茬用药时，适当增加草甘膦用量，41% 草甘膦水剂亩用量增加到 250～300 毫升，并适当增加施药浓度，再加入适量的洗衣粉或有机硅助剂，有利于提高防效（唐吉和，2010）。

1. 草甘膦铵盐 + 草铵膦 + 三氟羧草醚钠盐

金立（2021）开展草甘膦铵盐、草铵膦与三氟羧草醚钠盐不同配比组合对小飞蓬的联合毒力以及田间防效试验，结果表明，草甘膦铵盐、草铵膦和三氟羧草醚钠盐混配对非耕地杂草的防除效果因混配比例不同而表现出不同的联合作用方式，其中以三者的配比为 55：10：1 时对小飞蓬防除效果的增效作用最为明显。田间药效试验结果显示，71% 草甘膦铵盐·草铵膦·三氟羧草醚钠盐可溶粉剂在有效成分用量 1065～2130 克 / 公顷对非耕地杂草的防效较好，防效可达到 90% 以上。草甘膦铵盐、草铵膦和三氟羧草醚钠盐混配可被进一步开发用于小飞蓬的防除。

2. 35% 威百亩水剂或 98% 棉隆微粒剂

通过王星懿等（2019）田间药效试验，明确 35% 威百亩水剂在制剂用药量 30 毫升 / 米 ^{2}、60 毫升 / 米 ^{2}、90 毫升 / 米 ^{2} 时，对人参田小飞蓬防效达73.48%～90.09%，鲜重总体防效为 76.12%～95.57%，在试验剂量下未观察到药害发生。靳晓山等（2018）研究发现，98% 棉隆微粒剂在制剂用药量为 15 克 / 米 ^{2}、30 克 / 米 ^{2}、45 克 / 米 ^{2} 时，出苗后 45 天对人参田 1 年生小飞蓬防效为 76.04%，鲜重总体防效为 77.77%。

3. 20% 草胺膦水剂

郭传斌开展药剂防除大龄小飞蓬试验，结果表明，20% 草胺膦水剂 3000 毫升 / 公顷，对大龄小飞蓬的防除效果最好，药后 3 天大部分植株叶片焦枯，药后 10 天 90% 以上植株枯死，但枯死植株中 50% 茎秆中下部青色，药后 20 天株防效达 94.5%，少量茎秆下部青色，药后 40 天鲜重防效达 95.1%，枯死植株未见青色。小飞蓬对草甘膦已产生严重抗性，喷施 41% 草甘膦水剂 3000 毫升 / 公顷株防效和鲜重防效都只有 80% 左右，加入三氯吡乙酸增效不明显。灭草松与三氟羧草醚复配剂对大龄小飞蓬基本无效（郭传斌，2017）。

马 唐

马唐 [*Digitaria sanguinalis* (L.) Scop.] 是一年生禾本科植物，广泛分布于全球热带、亚热带及温带地区，是世界上公认的 18 种恶性杂草之一，蔬菜田、棉花田、果园等作物田恶性杂草之一（Webster & Coble，1997）。每年清明前后开始生长，5—9 月形成有效覆盖，高度 20～30 厘米，霜降前后自行枯萎死亡，形成厚厚的"草被"保湿、保温，并逐渐腐烂消失，成为肥料。能够防止水土流失，提高肥力，增加土壤有机质。它适应性很强，既抗旱又耐涝。即使土地贫瘠，环境恶劣，它都能顽强生长。一般把它当作恶性杂草除去。其实马唐是很好的绿色牧草，是猪、马、羊、兔等家畜很好的饲料（姜凤，2013）。

一、形态特征

一年生。秆较粗壮，直立部分高 50～100 厘米，下部匍匐地面，节上生根并分枝。叶鞘常短于节间，较压扁，具疣基柔毛，基部密生柔毛；叶舌长 1～2 毫米；叶片长 5～15 厘米，宽 3～6 毫米，粗糙，下部两面生疣基柔毛。总状花序粗硬，2 枚或 3 枚，一般长 5～10 厘米，最长达 20 厘米，基部多少裸露；穗轴挺直，具粗厚的白色中肋，有窄翅，宽约 1 毫米，节间长为其小穗的 2 倍；孪生小穗异性；短柄（柄长 0.4 毫米）小穗无毛，长约 4 毫米，第一颖微小，第二颖披针形，具 5 脉，长为小穗的 1/2～2/3；第一外稃具粗壮的 7～9 脉，脉隆起，脉间距离极窄，仅留有缝隙，顶端渐尖。长柄小穗密生长柔毛，长约 4.5 毫米，与其小穗柄近等长，第二颖短于小穗，具 3～5 脉，第一外稃有 5～7 脉，脉间与边缘均密生丝状柔毛，第二外稃披针形，薄革质，灰白色，稍短于小穗，顶端渐尖；花药长 1 毫米。花果期 6—9 月（中国科学院中国植物志编辑委员会，1990）。

马唐

二、分　布

分布于西藏、四川、新疆、陕西、甘肃、山西、河北、河南及安徽等地；生于路旁、田野，是一种优良牧草，但也是为害农田、果园的杂草。广泛分布于温带和亚热带山地。

三、生长环境

其繁殖能力强，生长速度快，生育期长，喜湿、好肥、嗜光照，在弱碱、弱酸性的土壤上均能较好的生长，广泛生长在田边、沟边、河滩、路旁、山坡等各类草本群落中，甚至能侵入竞争力很强的狗牙根、结缕草等群落，在疏松、湿润而肥沃的撂荒或弃垦土地，常常成为植被演替的先锋种之一（中国饲用植物志编辑委员会，1995）。

四、防治方法

1. 化学防控

化学除草剂具有速度快、效果好、省工省力等优点，目前仍然是田间马唐防控的主要手段。郭成林等（2016）评价了 5 种除草剂对马唐的防效，试验结果表明，6.9% 精噁唑禾草灵水乳剂和 10% 噁唑酰草胺乳油对马唐的活性高，药后 21 天鲜重防效 90% 有效量依次为 25.51 克 / 公顷和 26.09 克 / 公顷；在试验剂量范围内，25 克 / 升五氟磺草胺油悬浮剂、20% 双草醚可湿性粉剂和 50% 二氯喹啉酸可湿性粉剂对马唐的活性低，药后 21 天鲜重防效均低于 20%。程来品等（2013）筛选 5 种农药对直播稻田马唐的防效，结果表明，150 毫升 / 公顷氰氟草酯乳油和 150 毫升 / 公顷噁唑酰草胺乳油株防效达 95% 以上。蒋易凡等（2017）测定了 6 种除草剂对马唐的抑制率，发现马唐对 69 克 / 升精噁唑禾草灵水乳剂、15% 氰氟草酯乳油、100 克 / 升双草醚悬浮剂较敏感，田间推荐最高剂量下鲜重防效基本达 90% 以上。赵秀梅等报道了 4% 喷特乳油可有效防除大豆田马唐，防除效果达 90% 以上（赵秀梅等，2004）。

2. 生物控制

利用生防菌防控杂草具有靶标性强、安全、绿色无污染等优势（杜浩等，2022）。Tilley（Tilley & Walker，2002）和 Johnson(Johnson & Baudoin，1997)的研究团队利用马唐黑粉菌（*Ustilago synthrtsae*）及弯孢霉（*Cochliobolus intermedius*）作为马唐生防菌。朱云枝和强胜（2004）从马唐罹病植株上分离到 1 株中隔弯孢菌，其对 4 叶期以下马唐有极强侵染力，室内控制效果达 100%，田间控制效果达 75% 以上，对作物安全性较高，有开发为真菌性除草剂的潜力。李健等（2016）从感病马唐叶片上分离得到 1 株厚垣孢镰刀菌（*Fusarium chlamydosporum*），并通过盆栽试验证实该菌株分生孢子液对马唐有很好的防治效果，鲜重防效达 90.2%。邹德勇等（2020）从罹病的马唐幼苗基部分离到 1 株致病菌，其对马唐种子的萌发具有较高的抑制率，对幼苗有较高的侵染力，经形态学特点及 ITS 序列分析鉴定为暗球腔菌属真菌。另外还有研究报道，有色杆菌属（史延茂等，2006）、小单孢菌属真菌（孙袆敏等，2010），以及拉宾黑粉菌（*Ustilago robenhorstiana*）（郭怡卿和赵国晶，1990）、马唐炭疽菌（*Colletotrichum hanaui*）（张勇等，2010）等对马唐均有一定的防控作用。

植物化感作用是指一种活体植物产生并以挥发、淋溶、分泌和分解等方式向环境中释放次生代谢产物从而影响邻近伴生植物生长发育的化学生态现象（白倩等，2022）。在杂草的生物防控中，研究其原生境中可能存在的化感植物，对植物源农药的开发具有重要价值。杨彩宏等（2014）探索了 4 种秸秆水提液对马唐种子萌发的影响发现，4 种秸秆水浸提液均对马唐种子发芽率有抑制作用，且水提液浓度越高发芽率越低，抑制作用顺序依次为稻秆＞甘蔗＞香蕉假茎＞甜玉米，同时研究还发现，其抑制作用的强弱与光照强度有关。张悦丽等（2010）研究发现小根蒜（*Allium macrostemon*）水浸提液对马唐种子萌发和幼苗生长具有较强的抑制作用。白倩等（2022）研究发现，紫花苜蓿（Medicago sativa）茎叶的甲醇提取液对马唐的种子萌发和幼苗生长存在明显的化感作用，对马唐的萌发和地上部生长表现为低促高抑的化感效应，对马唐根部生长则表现为始终抑制，且抑制作用强弱与提取液浓度正向相关。

3. 农业防控

养草灭草：蔬菜种植之前，给予适当的环境条件，对马唐种子进行诱发，进而采用农业防除措施，减少土壤种子库中马唐种子量，从而达到截库的目的，减少马唐的为害（温广月等，2014）。

水旱轮作：水旱轮作是我国劳动人民在长期实践中总结形成的一种生态、高效的栽培制度，是杂草防除的良好途径（钱亚明等，2012）。何圣米等（2005）的研究结果表明，设施条件下蔬菜—水生蔬菜水旱轮作可以显著提高经济效益，避免设施蔬菜生产中的连作障碍，使土壤环境得到有效修复。而且大部分水田杂草都不耐旱，而旱田杂草经水淹后又极易死亡。蔡宏芹等（2012）的研究结果显示，马唐在湿生和有水层的环境条件下，萌发和生长受到了很大的影响，因此有条件的地区可以采用水旱轮作的方法，既可以改善土壤环境，又可以减少杂草的为害。然而，随着耕作制度的改变，一些旱田杂草开始在水稻田等为害，出现了旱田杂草水生化趋势，例如旱直播稻田旱生禾本科杂草马唐等发生逐年加重（蔡宏芹等，2012）。因此，水旱轮作防除马唐等杂草时应充分考虑轮作后的生境对杂草生长的影响。

深翻土壤：随着土层深度的增加，马唐出苗率逐渐降低。所以，有条件的地区在整田时深翻土壤，把掉落在表层土壤的马唐种子深翻至土层深处，可以减少马唐田间出苗数，也可以达到疏松土壤的目的（温广月等，2014）。

露籽草

露籽草 [*Ottochloa nodosa* (Kunth) Dandy var. nodosa] 为禾本科多年生草本。分布于亚洲及大洋洲热带地区。

一、形态特征

多年生；蔓生草本。秆下部横卧地面并于节上生根，上部倾斜直立。叶鞘短于节间，边缘仅一侧具纤毛；叶舌膜质，长约 0.3 毫米；叶片披针形，质较薄，长 4～11 厘米，宽 5～10 毫米，顶端渐尖，基部圆形至近心形，两面近平滑，边缘稍粗糙。圆锥花序多少开展，长 10～15 厘米，分枝上举，纤细，疏离，互生或下部近轮生，分枝粗糙具棱，小穗有短柄，椭圆形，长 2.8～3.2 毫米；颖草质，第一颖长约为小穗的 1/2，具 5 脉，第二颖长为小穗的 1/2～2/3，具 5～7 脉；第一外稃草质，约与小穗等长，有 7 脉，第一内稃缺；第二外稃骨质，与小穗近等长，平滑，顶端两侧压扁，呈极小的鸡冠状。染色体 $2n=18$。花果期 7—9 月（中国科学院中国植物志编辑委员会，1990）。

露籽草

二、分　布

分布于我国广东、广西、福建、台湾、云南等省（区）。国外在印度、斯里兰卡、缅甸、马来西亚和菲律宾等地有分布。

三、生长环境

多生于疏林下或林缘，海拔 100～1700 米。

两耳草

两耳草（*Paspalum conjugatum* Berg.）属于禾本科雀稗属多年生草本，是一种典型的暖季型草坪草，在我国华南及云南的低海拔地区很常见，它繁殖容易，蔓延快，喜阴湿，成坪性好，是一种优良的建坪草种（蹇洪英和邹寿青，2002）。

一、形态特征

多年生。植株具长达 1 米的匍匐茎，秆直立部分高 30～60 厘米。叶鞘具脊，无毛或上部边缘及鞘口具柔毛；叶舌极短，与叶片交接处具长约 1 毫米的一圈纤毛；叶片披针状线形，长 5～20 厘米，宽 5～10 毫米，质薄，无毛或边缘具疣柔毛。

总状花序 2 枚，纤细，长 6～12 厘米，开展；穗轴宽约 0.8 毫米，边缘有锯齿；小穗柄长约 0.5 毫米；小穗卵形，长 1.5～1.8 毫米，宽约 1.2 毫米，顶端稍尖，覆瓦状排列成两行；第二颖与第一外稃质地较薄，无脉，第二颖边缘具长丝状柔毛，毛长与小穗近等。第二外稃变硬，背面略隆起，卵形，包卷同质的内稃。颖果长约 1.2 毫米，胚长为颖果的 1/3。花果期 5—9 月（刘亮等，1990；韩烈保等，1999）。

二、分　布

原产于拉丁美洲。全世界热带及温暖地区均有分布。中国台湾、云南（西畴、马关、麻栗坡、河口、金屏、屏边、蒙自、思茅、孟连、景洪、耿马、镇

两耳草

康、潞西、盈江）、海南、广东、福建、广西、四川、贵州、西藏、江西、湖南等省（区）有分布（李振宇和解焱，2002）。

三、生长环境

喜暖热而湿润的气候。适生环境的年均气温为 18～26℃，年降水量为

1000毫米以上，对土壤要求不严格，砂土至黏土等各种土壤类型均可生长（沼泽中除外），土壤pH值4.5～7.5。最适合在湿润、肥沃，通透性良好的微酸性土壤上生长。在低湿处生长繁茂，组成以两耳草为优势种的单一优势种群落（蹇洪英等，2002）。

画眉草

画眉草属（*Eragrostis*）源于非洲，为一年生或多年生草本，是一种 C_4 植物，具有较高的光能转化率和单位面积生物量，生长力较强（赵梦莹等，2016），可作为景观坪用、护坡、石漠化土地治理以及水土保持的牧草和草坪草材料，是一种兼具水土保持功能的饲用植物（蔡剑华和游云龙，1995）。画眉草植物种质资源具有种类的多样性、生态的多样性和遗传的多样性（刘宽，2021）。

一、形态特征

起源于东非。秆丛生，直立或斜升，高 16～85 厘米，具 2～3 节，下部节有时膝曲，径 1.0～2.5 毫米，平滑无毛。叶鞘基部长于上部，短于节间，近边缘处及鞘口有白柔毛；叶舌白色膜质，长约 0.2 毫米，先端具小纤毛；叶片线形，常内卷，长 5～22 厘米，宽 2～6 毫米（平展），叶面疏生白色长柔毛，叶背平滑无毛。

圆锥花序开展，长 8～20 厘米，宽达 17 厘米，分枝单生，纤细、斜伸或平展，长达 9 厘米，腋间无毛，常在近次级分枝或小穗着生处具黄色腺点；小穗柄纤细，侧生者长 3～8 毫米，近顶部常具黄色腺点；小穗卵椭圆形至线状长圆形，铅黑色，长 0.4～1.0 厘米，宽 1.5～3.0 毫米（不计两颖张开宽度），具 4～10 朵小花。

颖卵披针形，先端渐尖，具 1 脉，脊粗糙，常多少有些张开，第一颖长 2.2～3.0 毫米，第二颖长 2.7～3.3 毫米；外秤宽卵形，或卵状长圆形，彼此排列较疏远。长约 3 毫米，先端急尖或钝，具 3 脉；内颖稍短于外颖，宿存，长 2.2～2.6 毫米，具 2 脉，先端钝圆。颖果棕色，长圆形，长约 1 毫米，径约 0.6 毫米，压扁。花果期 7—10 月（中国科学院中国植物志编辑委员会，1990）。

画眉草

二、分　布

画眉草属约 300 种，广布于全世界，主要分布在热带至温带地区（孙振中等，2008；尹俊和蒋龙，2009）。我国共约有 38 种（包括引种），包含 2 变种，云南有 23 种，包含 2 变种。在画眉草属中，43% 的种原产地在非洲、18% 在南美洲、12% 在亚洲、10% 在澳大利亚，还有 2% 在欧洲。埃塞俄比亚是画眉草的起源中心和多样性中心（刘宽，2021）。

三、生长环境

喜光，抗干旱。适应性强，对气候和土壤要求均不严格。具自播繁衍能力。喜温暖气候和向阳环境。宜选择疏松、排水良好的砂质壤土栽培。多生于荒芜田野草地上。产于全国各地；分布在全世界温暖地区（赵梦莹等，2016）。

含羞草

为豆科含羞草属植物含羞草（*Mimosa pudica*）的全草，又名知羞草、怕羞草、喝乎草、刺含羞草等。主要分布在我国华东、华南、西南等地的山坡丛林、湿地、路旁（袁珂等，2006）。含羞草原产于美洲热带地区，以其叶片的感震性闻名，具有清热利尿、化痰止咳、安神止痛、凉血止血之功效（全国中药草汇编编写组，1975）。含羞草常在路旁、空地、草地等开阔场所及田边等生境成为群落优势种。

一、形态特征

含羞草为披散、亚灌木状草本，高可达 1 米；茎圆柱状，具分枝，有散生、下弯的钩刺及倒生刺毛。托叶披针形，长 5～10 毫米，有刚毛。羽片和

含羞草

小叶触之即闭合而下垂；羽片通常 2 对，指状排列于总叶柄之顶端，长 3～8 厘米；小叶 10～20 对，线状长圆形，长 8～13 毫米，宽 1.5～2.5 毫米，先端急尖，边缘具刚毛。头状花序圆球形，直径约 1 厘米，具长总花梗，单生或 2～3 个生于叶腋；花小，淡红色，多数；苞片线形；花萼极小；花冠钟状，裂片 4 枚，外面被短柔毛；雄蕊 4 枚，伸出于花冠之外；子房有短柄，无毛；胚珠 3～4 颗，花柱丝状，柱头小。荚果长圆形，长 1～2 厘米，宽约 5 毫米，扁平，稍弯曲，荚缘波状，具刺毛，成熟时荚节脱落，荚缘宿存；种子卵形，长 3.5 毫米。花期 3—10 月；果期 5—11 月（李振宇和解焱，2002）。

二、分　布

我国分布于台湾、福建、广东、广西、云南、海南、澳门等地。生于旷野荒地、灌木丛中，长江流域常有栽培供观赏。原产美洲热带地区，现广泛分布于世界热带地区（李振宇和解焱，2002）。

三、生长环境

喜温暖湿润、阳光充足的环境，适生于排水良好、富含有机质的砂质壤土，植株健壮，生长迅速，适应性较强（张仲新等，2009）。

毛菍

毛菍（*Melastoma sanguineum* Sims），又名毛稔、甜娘、开口枣、雉头叶、鸡头木、射牙郎、黄狸胆等，为野牡丹科野牡丹属大灌木，我国分布于长江以南，常见于海拔 400 米以下的坡脚、沟边、湿润的草丛或矮灌丛等酸性土壤中（伍成厚，2015）。

一、形态特征

大灌木，高 1.5～5.0 米；茎、小枝、叶柄、花梗及花萼均被平展的长粗毛，毛基部膨大。叶片坚纸质，卵状披针形至披针形，顶端长渐尖或渐尖，基部钝或圆形，长 8～22 厘米，宽 2.5～8 厘米，全缘，基出 5 脉，两面被隐藏于表皮下的糙伏毛，通常仅毛尖端露出。伞房花序，花 3～5 朵；苞片戟形，膜质，顶端渐尖，背面被短糙伏毛；花梗长约 5 毫米，花萼管长 1～2 厘米，直径 1～2 厘米，裂片 5～7 枚，三角形至三角状披针形。花瓣粉红色或紫红色，5～7 枚，广倒卵形，上部略偏斜，顶端微凹，长 3～5 厘米，宽 2～2.2 厘米；雄蕊异型，长短雄蕊数与花瓣数相同，5～7 枚；雄蕊长者药隔基部伸延，末端 2 裂，花药长 1.3 厘米，花丝较伸长的药隔略短；短者药隔不伸延，花药长 9 毫米，基部具 2 小瘤；子房半下位，密被刚毛。果杯状球形，胎座肉质，为宿存萼所包；宿存萼密被红色长硬毛，长 1.5～2.2 厘米，直径 1.5～2.0 厘米。在热带地区几乎全年花果期，其中 4—6 月和 10—12 月开花较为集中（彭东辉，2012）。

毛菍

二、分　布

我国产于福建、广东、广西和海南。印度、印度尼西亚和马来西亚也有分布。生于海拔600米以下地区，常见于路边、林缘、沟边、灌丛（彭东辉，2012）。

三、生长环境

毛稔耐阴性较强，在林荫下仍可生长。毛稔主要分布在海拔600米以下山坡、山谷林下或疏林下、开阔灌草丛中。

常绿灌木；叶卵状披针形至针形，叶片大，两面被隐藏于表皮下的糙伏毛。花大，直径7～8厘米，1～3朵簇生于枝顶，紫红色，花期8—10月。果期12月，果可食。分布较广，在海拔50～200米范围，多生长于丘陵、旷野向阳处、山路旁湿润灌草丛中（彭东辉，2012）。

光叶丰花草

为茜草科丰花草属光叶丰花草（*Spermacoce remota* Lamarck）。

一、形态特征

该植物为直立草本，高30～60厘米；直根系，黄棕色，主根粗壮。茎四棱形至圆柱形，有明显的棱脊，无毛或具纤毛。叶长披针形至长椭圆形，绿色至深绿色，具短柔毛，老叶脱落，基部锐尖到楔形，先端锐尖，侧脉2～3对，叶具柄；托叶膜质，被粗毛，顶部有数条长于鞘的刺毛。花序顶生或生于叶腋，于托叶鞘内呈球状，花冠白色或淡黄色，近漏斗形。蒴果长圆形或近倒卵形，种子棕黄色，狭长椭圆形，两端钝，稍有光泽，具多数横沟。

根圆柱状，弯曲棕红色或棕黄色，表面有纵皱纹，粗糙，有较多须根，质韧，不易折断，断面白色，不平坦；茎多绿色，少棕红色或淡黄色，表面有4

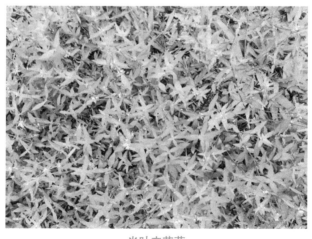

光叶丰花草

条纵棱，稍扁或近圆柱形，质轻易折断，断面白色，中空，不平坦；叶质轻，易碎，卷缩，叶面绿色或紫色，叶背淡绿色，展开后呈线状长圆形，全缘，先端渐尖，基部渐狭；托叶锈色，顶部有7～8条锈色长于花序的针状刺毛；花易脱落；蒴果长圆形，或近倒卵形，绿色，表面被紫棕色毛；种子易脱落，狭长圆形，棕色或褐色，一端稍尖，一端钝，有多数横沟。气淡，味苦（叶宝鉴等，2020）。

二、分　布

产于新热带地区，我国广东、台湾有分布，喜生于阳光充足的环境，海拔不超过300米（严靖等，2016）。

菊 芹

菊芹 [*Erechtites valerianaefolia* (wolf) DC] 别名昭和草、野茼蒿、山茼蒿、神仙草、飞机草，为菊科一年生草本植物。菊芹原产于南美洲，我国最早为台湾引入，其果实成熟后四处飞扬散布，繁殖力极强，因此，菊芹在台湾各地、山边海角随处可见，但目前尚未形成大面积人工栽培商品化生产，仅限于观光旅游、休闲农场中栽培，供游人品尝（王德槟等，2001）。

一、形态特征

一年生草本，茎直立，高 50～100 厘米，不分枝或上部多分枝，具纵条纹，近无毛。叶具长柄，长圆形至椭圆形，顶端尖或渐尖，基部斜楔形，边缘有不规则的重锯齿或羽状深裂；裂片 6～8 对，披针形，顶端渐尖，具锯齿至不规则裂片，或稀浅裂，叶脉羽状，两面无毛；叶柄具狭下延的翅；上部叶与中部叶相似，但渐小，头状花序多数，直立或下垂，在茎端和上部叶腋排列成较密集的伞房状圆锥花序，长约 10 毫米，宽 3 毫米，具线形的小苞片；总苞圆柱状钟形；总苞片 1 层，12～16 枚，线形，长 7～8 毫米，宽 0.50～0.75 毫米，顶端急尖或渐尖，具 4～5 脉，无毛或被疏微毛。小花多数，淡黄紫色；外围小花 1～2 层，花冠丝状，顶端 5 齿裂；中央小花细管状，长 7～8 毫米，稍长于和宽于外围的雌花，内层的小花细漏斗状，顶端 5 齿裂，顶端腺状加厚；花柱分枝顶端有锥状附片。瘦果圆柱形，长 2.5～3.5 毫米，具 10～12 条淡褐色的细肋，无毛或被微柔毛；冠毛多层，细，淡红色，约与小花等长（中国科学院中国植物志编辑委员会，1999）。

菊芹

二、分　布

原产于南美洲。在我国福建、广东、海南、湖南、云南、河南、台湾等地有分布。生于田边、路旁，是一种田间杂草（杨成梓等，2013）。

三、生长环境

喜高温多湿和光照充足的气候条件，生长发育适宜温度范围为20～30℃，最适温度为25℃左右，低于15℃时植株生长缓慢，遇霜冻即枯萎（杨成梓等，2013）。

商　陆

商陆（*Phytolacca acinosa* Roxb）属于商陆科多年生草本植物，是一种生物量大、生长快、地理分布广、适应性强的锰超积累植物，在中国的大部分地区都可生长，朝鲜、日本、印度也有分布（薛生国等，2004）。

一、形态特征

多年生草本，高 0.5～1.5 米，全株无毛。根肥大，肉质，倒圆锥形，外皮淡黄色或灰褐色，内面黄白色。茎直立，圆柱形，有纵沟，肉质，绿色或红紫色，多分枝。叶片薄纸质，椭圆形、长椭圆形或披针状椭圆形，长 10～30 厘米，宽 4.5～15 厘米，顶端急尖或渐尖，基部楔形，渐狭，两面散生细小白色斑点（针晶体），背面中脉凸起；叶柄长 1.5～3.0 厘米，粗壮，上面有槽，下面半圆形，基部稍扁宽。总状花序顶生或与叶对生，圆柱状，直立，通常比叶短，密生多花；花序梗长 1～4 厘米；花梗基部的苞片线形，长约 1.5 毫米，上部 2 枚小苞片线状披针形，均膜质；花梗细，长 6～13 毫米，基部变粗；花两性，直径约 8 毫米；花被片 5 枚，白色、黄绿色，椭圆形、卵形或长圆形，顶端圆钝，长 3～4 毫米，宽约 2 毫米，大小相等，花后常反折；雄蕊 8～10 枚，与花被片近等长，花丝白色，钻形，基部成片状，宿存，花药椭圆形，粉红色；

商陆

心皮通常为8枚，有时少至5枚或多至10枚，分离；花柱短，直立，顶端下弯，柱头不明显。果序直立；浆果扁球形，直径约7毫米，熟时黑色；种子肾形，黑色，长约3毫米，具3棱。花期5—8月，果期6—10月（李振宇和解焱，2002）。

二、分　布

在我国除东北、内蒙古、青海、新疆外，普遍野生于海拔500～3400米的沟谷、山坡林下、林缘路旁。也栽植于房前屋后及园地中，多生于湿润肥沃处，喜生垃圾堆上。朝鲜、日本及印度也有。

三、生长环境

庄武等（2009）研究发现，入侵种垂序商陆对环境要求不严格，生长迅速，在营养条件较好时，植株高达2米，易形成单优群落，主茎有的能达到3.33厘米粗，与其他植物竞争养料。垂序商陆的茎具有一定的蔓性，叶片宽阔，能覆盖其他植物体，导致其他植物生长不良甚至死亡。经过长期的适应生长，垂序商陆已逸生，成为果园、菜地的有害杂草，已侵入天然生态系统，逐渐显现出入侵性，并已被列为中国外来入侵物种。

积雪草

积雪草 [*Centella asiatica* (L.) Urban] 是伞形科植物，俗称胡薄荷、连钱草、崩大碗、遍地香。

一、形态特征

多年生草本，茎匍匐，细长，节上生根。叶片膜质至草质，圆形、肾形或马蹄形，长 1.0～2.8 厘米，宽 1.5～5.0 厘米，边缘有钝锯齿，基部阔心形，两面无毛或在背面脉上疏生柔毛；掌状脉 5～7 条，两面隆起，脉上部分叉；叶柄长 1.5～2.7 厘米，无毛或上部有柔毛，基部叶鞘透明，膜质。伞形花序梗 2～4 个，聚生于叶腋，长 0.2～1.5 厘米，有或无毛；苞片通常 2 枚，很少3 枚，卵形，膜质，长 3～4 毫米，宽 2.1～3.0 毫米；每一伞形花序有花 3～4朵，聚集呈头状，花无柄或有 1 毫米长的短柄；花瓣卵形，紫红色或乳白色，膜质，长 1.2～1.5 毫米，宽 1.1～1.2 毫米；花柱长约 0.6 毫米；花丝短于花瓣，与花柱等长。果实两侧扁压，圆球形，基部心形至平截形，长 2.1～3.0 毫米，宽 2.2～3.6 毫米，每侧有纵棱数条，棱间有明显的小横脉，网状，表面有毛或平滑。花果期 4—10 月（张小刚，2009）。

二、分　布

在我国分布于陕西、江苏、安徽、浙江、江西、湖南、湖北、福建、台湾、广东、广西、四川、云南等省（区）。在国外分布于印度、斯里兰卡、马来西亚、印度尼西亚、日本、澳大利亚、中非、南非等地（张小刚，2009）。

积雪草

三、生长环境

喜生于阴湿的草地或水沟边。

鼠曲草

鼠曲草（*Gnaphalium affine* D. Don），又称清明菜，菊科，簇生，一年生草本，生于海拔 1600～2700 米的田埂、荒地、路旁，尤以稻田最常见。鼠曲草资源丰富，药食两用，是一种极具开发利用潜质的生物资源（张慧颖等，2012）。

一、形态特征

一年生草本。茎直立或基部发出的枝下部斜升，高 10～40 厘米或更高，基部径约 3 毫米，上部不分枝，有沟纹，被白色厚绵毛，节间长 8～20 毫米，上部节间罕有达 5 厘米。叶无柄，匙状倒披针形或倒卵状匙形，长 5～7 厘米，宽 11～14 毫米，上部叶长 15～20 毫米，宽 2～5 毫米，基部渐狭，稍下延，顶端圆，具刺尖头，两面被白色绵毛，上面常较薄，叶脉 1 条，在下面不明显。头状花序较多或较少数，直径 2～3 毫米，近无柄，在枝顶密集成伞房花序，花黄色至淡黄色；总苞钟形，直径约 2～3 毫米；总苞片 2～3 层，金黄色或柠檬黄色，膜质，有光泽，外层倒卵形或匙状倒卵形，背面基部被棉毛，顶端圆，基部渐狭，长约 2 毫米，内层长匙形，背面通常无毛，顶端钝，长 2.5～3.0 毫米；花托中央稍凹入，无毛。雌花多数，花冠

鼠曲草

细管状，长约 2 毫米，花冠顶端扩大，3 齿裂，裂片无毛。两性花较少，管状，长约 3 毫米，向上渐扩大，檐部 5 浅裂，裂片三角状渐尖，无毛。瘦果倒卵形或倒卵状圆柱形，长约 0.5 毫米，有乳头状突起。冠毛粗糙，污白色，易脱落，长约 1.5 毫米，基部联合成 2 束。花期 1—4 月，8—11 月（中国科学院中国植物志编辑委员会，1979）。

二、分　布

分布于我国台湾、华东、华南、华中、华北、西北及西南各省（区）。也分布于日本、朝鲜、菲律宾、印度尼西亚、中南半岛及印度（中国科学院中国植物志编辑委员会，1979）。

三、生长环境

生于低海拔旱地或湿润草地上，尤以稻田中最常见（张慧颖等，2012）。

皱子白花菜

皱子白花菜（*Cleome rutidosperma* DC.），英文翻译为流苏花蜘蛛，别名花边蜘蛛花、紫色白花菜，我国台湾称平伏茎白花菜、成功白花菜，是白花菜科白花菜属的植物。

一、形态特征

一年生草本。茎直立、开展或平卧，分枝疏散，高达90厘米，无刺，茎、叶柄及叶背脉上疏被无腺长柔毛，有时近无毛。叶具3小叶，叶柄长2～20毫米（茎下部的叶未见）；小叶椭圆状披针形，有时近斜方状椭圆形，顶端急尖或渐尖、钝形或圆形，基部渐狭或楔形，几无小叶柄，边缘有具纤毛的细齿，中央小叶最大，长1.0～2.5厘米，宽5～12毫米，侧生小叶较小，两侧不对称。花单生于茎上部叶具短柄且叶片较小的叶腋内，常2～3花连接着生在2～3节上形成开展有叶而间断的花序；花梗纤细，长1.2～2.0厘米，果时长约3厘米；萼片4枚，绿色，分离，狭披针形，顶端尾状渐尖，长约4毫米，背部被短柔毛，边缘有纤毛；花瓣4枚，新鲜标本上2个中央花瓣中部有黄色横带，2个侧生花瓣颜色一样，顶端急尖或钝形，有小凸尖头，基部渐狭延成短爪，长约6毫米，宽约2毫米，近倒披针状椭圆形，全缘，两面无毛；花盘不明显，花托长约1毫米，雄蕊6枚，花丝长5～7毫米，花药长1.5～2毫米；雌蕊柄长1.5～2.0毫米；子房线柱形，长5～13毫米，无毛，有些花中子房不育，长仅2～3毫米；花柱短而粗，柱头头状。果线柱形，表面平坦或微呈念珠状，两端变狭，顶端有喙，长3.5～6.0厘米，中部直径3.5～4.5毫米；果瓣质薄，有纵向近平行脉，常自两侧开裂。种子近圆形，直径1.5～1.8

毫米，背部有 20～30 条横向脊状皱纹，爪开张，彼此不相连，爪的腹面边缘有一条白色假种皮带。花果期 6—9 月（孟静等，2022）。

皱子白花菜

二、分　布

原产于西非热带地区。1859 年传入西印度群岛；20 世纪 20 年代后传入亚洲多地。我国安徽、福建、台湾、广东、香港、海南、广西、云南、浙江均有归化（殷茜等，2019；陈高坤等，2023）。

三、生长环境

生于路旁草地、荒地、苗圃、农场，常为田间杂草（孟静等，2022）。

野茼蒿

野茼蒿 [*Crassocephalum crepidioides* (Benth.) S. Moore] 为菊科（Compositae）野茼蒿属（*Crassocephalum*）一年或多年生草本植物，在我国分布比较广泛。该植物全草入药，有健脾、消肿的功效，而且可治疗消化不良、脾虚浮肿等病症（石铸等，1983；杨彩霞等，2021）。其嫩叶是一种味美的野菜。该植物在民间常用于治疗消化不良、感冒、发热、痢疾、肠炎、乳腺炎、泌尿系统等疾病（中国科学院中国植物志编辑委员会，1999）。

一、形态特征

直立草本，高 20～120 厘米，茎有纵条棱，无毛叶膜质，椭圆形或长圆状椭圆形，长 7～12 厘米，宽 4～5 厘米，顶端渐尖，基部楔形，边缘有不规则锯齿或重锯齿，或有时基部羽状裂，两面无或近无毛；叶柄长 2.0～2.5 厘米。头状花序数个在茎端排成伞房状，直径约 3 厘米，总苞钟状，长 1.0～1.2 厘米，基部截形，有数枚不等长的线形小苞片；总苞片 1 层，线状披针形，等长，宽约 1.5 毫米，具狭膜质边缘，顶端有簇状毛，小花全部管状，两性，花冠红褐色或橙红色，檐部 5 齿裂，花柱基部呈小球状，分枝，顶端尖，被乳头状毛。瘦果狭圆柱形，赤红色，有肋，被毛；冠毛极多数，白色，绢毛状，易脱落。花期 7—12 月（黄秋生，2008）。

野茼蒿

二、分　布

野茼蒿是在泛热带广泛分布的一种杂草,在世界很多地区都有分布,包括太平洋各岛屿、大洋洲沿海地区、东南亚和非洲等(中国科学院中国植物志编辑委员会,1999)。野茼蒿在我国的分布也极广,广东、香港、澳门、广西、江西、浙江、湖南、福建、台湾、海南、云南、西藏(东南部)、贵州、四川、重庆、湖北、甘肃(南部)等地区广泛分布,由于野茼蒿常为害果园及蔬菜,多沿道路及河岸蔓延,还常蔓入火烧迹地或砍伐迹地,因此目前该种已被列为我国的外来入侵种(李振宇和解焱,2002)。

三、生长环境

喜肥沃土壤,在贫瘠土壤亦能生长,但往往植株矮小。山坡路旁、水边、灌丛中常见,适宜生长在海拔 300～1800 米地区(黄秋生,2008)。

四、防治研究

Ismail 等(2001)报道,在长期喷施除草剂百草枯的农田中逃生的野茼蒿,经过长时间的适应进化后,会对百草枯产生抗性。进一步研究表明,野茼蒿叶片内 SOD 酶对其具有抗性起一定的作用,而 POD 基本不起作用(李振宇和解焱,2002)。

台湾地区对防治野茼蒿有不少研究,如徐慈鸿等(1992)在研究台湾 9 种常见杂草对臭氧的耐受性时发现,野茼蒿对臭氧耐受性非常高,在浓度为 200 毫克/升臭氧环境下,没有出现受害症状。

鬼针草

鬼针草属（*Bidens* L.）属于菊科紫菀亚科金鸡菊族金鸡菊亚族，共 280 余种，又名婆婆针，为一年生或多年生草本，具有耐旱、耐瘠薄、抗病能力强、适应性广等特性，是一种重要的先锋复绿植物（Mitich et al.，1994）。

一、形态特征

茎直立或匍匐；叶对生茎上部互生，1～3 回三出或羽状分裂。总苞钟状或近半球形；苞片通常 1～2 层，基部常合生。外围一层为舌状花，或无舌状花，通常白色或黄色，舌片全缘或有齿；盘花筒状，4～5 裂。瘦果扁平或具 4 棱，倒卵状椭圆形、楔形或条形，顶端截形或渐狭，顶端有 2～4 枚芒刺（胡启明，1979；李扬汉，1998；傅立国等，2005）。

鬼针草

二、分　布

原产于中美洲，目前亚洲和美洲的热带及亚热带地区均有分布，其瘦果冠毛芒状，具倒刺，可粘附于人畜、货物。1857 年在香港首次被报道，现广泛分布于我国华东、华中、华南、西南等地区（洪岚等，2004）。

三、生长环境

最适萌发温度分别为 10～30℃，高温（30～40℃）不利于种子的萌发。轻度干旱对鬼针草的萌发影响不大，中度干旱能降低种子萌发率。严文斌等（2013）研究发现，鬼针草的种子萌发对 pH 值适应的范围较广，只有 pH 值 2.0 的强酸性溶液才造成种子萌发率显著下降。外界过高的氮、磷养分对其种子的萌发会产生不利影响，尤其是氮素过高对土著种鬼针草种子萌发的抑制作用更强（陈亮等，2011；尚春琼和朱珣之，2019）。邓玲姣和邹知明（2012）研究发现掩埋处理能够抑制种子的萌发。

四、防治方法

1. 化学防治

根据郭成林等（2015）研究了 8 种除草剂对木薯地三叶鬼针草的防除效果，其结果发现，500 克／升特丁噻草隆对三叶鬼针草的防除效果最佳，其次为 60% 的恶草·丁草胺和 57% 的氧氟·乙草胺。另外，50% 丁草胺、90% 乙草胺、960 克／升精异丙甲草胺、120 克／升恶草酮、24% 乙氧氟草醚 5 种除草剂对三叶鬼针草的防除也具有一定效果。

2. 生物防治

生物除草剂是指利用自然界中的生物（包括微生物、植物和动物）或其组织、代谢物工业化生产的用于除草的生物制剂,主要分为两类。一类是直接用完整生物体或部分活体组织开发的生物制剂;另一类是利用生物的次生代谢产物开发的生物源除草剂或生物化学除草剂(陈世国和强胜,2015)。用于三叶鬼针草的真菌或细菌生物除草剂还未有报道,张静等(2012)研究发现南方菟丝子可抑制三叶鬼针草生长,朱慧等(2007)则发现五爪金龙也可抑制三叶鬼针草生长。

三裂蟛蜞菊

三裂蟛蜞菊 [*Sphagneticola trilobata* (L.) Pruski] 为菊科（Compositae）蟛蜞菊属（*Shagneticola*）多年生草本植物，原产于南美洲，现已广泛分布于我国广东、福建、海南、香港、台湾等沿海地区（孙莲莲，2020）。三裂蟛蜞菊对环境的适应性超强，不仅可通过化感作用强烈抑制其周围植物的生长（柯展鸿等，2014），还可以利用其内生丛枝菌根真菌促进自身生长，增强自身对本地植物的竞争优势（祁珊珊等，2020），并能改善土壤营养环境，提高土壤肥力，形成对自身生长有利的微环境（全国明等，2016），从而快速在栖息地形成优势种群，因此也被认为是最具威胁的 100 个外来入侵物种之一（辜睿等，2020），对农田和森林造成了极大影响。其对附近的植物有明显化感作用，能抑制其他植物的生长（朱慧和吴双桃，2012；Wang et al.，2012）。在化学成分上，三裂蟛蜞菊含有倍半萜和二萜类化合物（Ren et al.，2010），三裂蟛蜞菊提取物具有抗氧化、抗肿瘤、抗炎、抗菌、保肝等作用，民间主要用其来治疗蛇伤、鱼伤、腹泻、肾结石、感冒等疾病（江贵波，2008；孙莲莲，2020）。

一、形态特征

为多年生草本，茎匍匐，上部茎近直立，节间长 5～14 厘米，光滑无毛或微被柔毛，茎可长达 180 厘米；叶对生、具齿椭圆形、长圆形或线形，长 4～9 厘米，宽 2～5 厘米，呈三浅裂，叶面富光泽，两面被贴生的短粗毛，几近无柄；头状花序中等大小，花序宽约 2 厘米，连柄长达 4 厘米，花黄色，小花多数：假舌状花呈放射状排列于花序四周，筒状花紧密生于内部，单生的头状花序生于从叶腋处伸长的花序轴上；瘦果倒卵形或楔状长圆形，长约 4 毫米，宽近 3 毫米，具 3～4 棱，基部尖，顶端宽，截平，被密短柔毛，无冠毛及冠毛环（Wagner et al., 1999）。

三裂叶蟛蜞菊

二、分 布

原产于南美洲及中美洲地区，其环境适应性强、繁殖快、易形成覆盖植被，许多国家将其作为地被绿化植物引进，现已广泛分布于东南亚和太平洋地区，定植后很快逃逸为野生。已经在许多热带、亚热带国家和地区为害，澳大利亚、巴拿马、美国等国家把其列为有害入侵杂草。我国具体何时引入没有详细的文献资料记载，但早在 20 世纪 80 年代香港首先将其作为地被绿化植物引进栽培，以后迅速在华南地区发展蔓延，目前在我国的东北部、东部、南部以及沿海、岛屿等地区多见分布，主要生长于路边、田边、湿润的草地等处，逐渐成为对农业、林业、园林业和环境危害严重的杂草（孙莲莲，2020）。

三、防治方法

主要采取人工清除、化学防治和生物防治等方法。人工清除效果显著，但需耗费大量人力物力。在我国广泛使用的化学除草剂莠去津防治三裂蟛蜞菊，虽然防控效果较好，但因其高残留和高污染已经被欧盟国家禁用（田学军等，2016）。根据李光义等（2010）的研究，发现施用不同浓度的百草枯、草甘膦和稳杀得等化学除草剂短期内对三裂蟛蜞菊化感作用的影响有限，反而在一定程度上促进了三裂蟛蜞菊的入侵，因而应用化学农药控制三裂蟛蜞菊还有待进一步研究。生物防治方面，目前主要利用本土植物的化感作用（柯展鸿等，2014；袁伟影等，2017）和本土植物对其生态位的竞争抑制其生长（周雨露等，2016）。虽然利用天敌限制入侵植物的生长和蔓延是较为理想的防控方法，但三裂蟛蜞菊病虫害种类较少，李华洪等（2022）鉴定了一株蟛蜞菊单轴霉，为国内三裂蟛蜞菊上的一种专性寄生菌，该菌极具生防潜力。

香附子

香附子（*Cyperus rotundus* L.）为莎草科莎草属多年生草本植物，国内不同地区又俗称其三棱草、回头青、雷公头、草头香、梭草、胡子草、胡子青、香胡子、地贡子、野韭菜（张传伟，2003）。香附子位居世界十大恶性杂草之首，严重影响全球多个地区的农业生态系统，也是我国十大难防恶性杂草之一，在我国大部分地区都有分布，主要为害棉花、花生、蔬菜、甘薯、玉米、大豆、果树、小麦、水稻等作物（张传伟，2003）。香附子是 C_4 植物，可以在高温和强光条件下吸收更多的二氧化碳，比 C_3 作物棉花和其他杂草更具有竞争力（Lati et al.，2011）。早期香附子的块茎被用来泡茶、食用、当作药材和观赏（徐小燕等，2021）。

一、形态特征

直立、无毛，可长至 7～40 厘米，由地下茎、根茎、基部鳞茎、地上植株 4 个部分组成（Stoller & Sweet，1987；Shahida，2014）。具有丰富的根状茎和块茎，从一个块茎的 1～3 厘米处可以长出许多块茎，形成一个分布广泛的地下块茎网络（Horowitz，1992）。块茎呈椭圆形或纺锤形，三角状、长圆形、卵形，宽 12 毫米、长 10～35 毫米，黄色或褐色，成熟时呈黑色，块茎坚硬，有香味。香附子叶较多，短于秆，宽 2～5 毫米，深绿色，光亮，线形，上表面有凹槽，没有叶舌或叶耳，叶背中脉突出，基部有短鞘，紫红色；侧聚伞形花序，花序通常有 2～4 个苞片，苞片由小的暗红色或紫褐色有壳的花组成，有 3 个雄蕊和 3 个柱头；具 3～10 条长短不等的辐射枝，每枝具 2～12 条小穗，小穗条形，长 1～3 毫米，宽约 2 毫米，含 6～26 朵花；心皮附着在不分枝直立的三角形横截面的深绿色、无毛的秆上。香附子通常在夏天开花，秋天结实。种子长圆形，具3棱，长1.5～2.0毫米，宽约1毫米，暗褐色，有细点。实生苗当年只长叶不抽茎（Shahida，2014；Santos et al.，1998）。

香附子

二、分　布

原产于印度次生大陆，现除北纬35℃以北的低寒区不适于生存外，已广泛分布于92个热带及亚热带国家，造成50多种作物减产23%～89%（Bendixen & Nandihalli，1987）。

三、生境和气候要求

常发于耕地、路边、草坪、公园和荒地，喜欢潮湿肥沃的土壤和温暖的气候。湿度和温度是影响其生长繁殖的最重要因素（Bendixen & Nandihalli，1987）。在较寒冷地区，进入霜冻前香附子可以不断产生新的块茎和植株，进入霜冻后植株叶片会脱落，其块茎进入休眠状态，块茎对盐碱、低温和阴暗条件较敏感。在较温暖地区，因其生长快速，可以产生大量块茎，多年生等特性导致其难以防控。此外，大量的地下块茎和根状茎系统增加了其对极端条件的耐受性，如干旱、高温和洪水（Santos et al.，1997；Okoli et al.，1997）。

四、防治方法

1. 预防措施

预防措施主要用于防止香附子扩散，当发现新的为害点时，应在幼苗期及时小范围清除，避免形成发达的地下块根而长期为害，田间发现地下块根要及时深翻冬耕，并做冷冻或暴晒处理令其失活，避免进一步繁殖（尚成名，2006）。另外，播种前精选作物种子，避免通过作物种子运输等人为传播而扩大危害面。

2. 农业防治

香附子喜潮湿、不耐旱、怕冻、怕阴、怕水淹，块茎多分布于浅土层（钱益新等，2007），因此在防除香附子时，可根据香附子喜潮湿、怕水淹的特点进行水旱轮作；根据其怕阴的特点可采用作物合理密植法，加速作物的封行进程，从而抑制香附子生长（尚成名，2006）。

3. 物理防治

Hershenhom 等（2015）研究指出，浅耕、深耕、土壤日晒、冻伤、遮盖和塑料覆盖都可导致块茎干燥和碳水化合物饥饿，从而降低块茎的活力和再生能力，抑制香附子生长。尚成名（2006）研究发现，根据香附子怕旱、不耐冻的特点，可在冬天低温时深耕耙晒，把块茎翻上来能冻死一部分，春旱时再耙晒，由于没有水分又能晒死一部分香附子，也可进行夏季伏耕，块茎暴露在高温和脱水的环境中，发芽率可降低 70% ~ 100%。定期浅耕也是防除多年生杂草的有效措施之一，据 Akbar 等（2011）的报道，反复人工除草、机械除草对香附子的防效可达 74%～93%。Mahmood 和 Cheema（2004）研究发现，地表覆盖或土壤覆盖可以显著降低香附子的干物质量，降低幅度达 40%～53%。

4. 化学防治

目前，对香附子控制效果较好的除草剂主要为内吸传导性较好的除草剂，包括：ALS 抑制类除草剂啶嘧磺隆、氯吡嘧磺隆、甲基碘磺隆、磺酰磺隆、噻酮磺隆、甲酰胺基嘧磺隆、三氟啶磺隆、吡嘧磺隆、醚磺隆、环丙嘧磺隆、乙氧磺隆、唑吡嘧磺隆、四唑嘧磺隆、苄嘧磺隆等；激素类除草剂 2 甲 4 氯、氯氟吡氧乙酸等；PDS 抑制类除草剂氟啶草酮等；PPO 抑制类除草剂甲磺草胺、乙氧氟草醚；光合作用抑制剂苯达松和特草定，以及其他除草剂草甘膦、甲基磺草酮等（马永林等，2014；覃建林等，2005）。上述除草剂被用于防治香附子均有一定防效，但最有效的还是草甘膦和氯吡嘧磺隆，这两种除草剂不但能杀死地上组织，还可以向下传导至块茎中，降低其地上植物和地下块茎活性。为了有效且持久防治香附子，化学除草可以封杀结合，早期使用封闭除草剂封闭处理，出苗后结合草甘膦茎叶喷雾处理（徐小燕等，2021）。

参考文献

白倩，苗福泓，高峰，等，2020. 紫花苜蓿甲醇提取液对马唐种子萌发和幼苗生长的影响 [J]. 青岛农业大学学报（自然科学版），37(3)：183-189.

蔡宏芹，徐优良，包志军，等，2012. 10% 唑酰草胺 EC 等防除旱直播稻田禾本科杂草效果 [J]. 杂草科学，30(1)：59-61.

蔡剑华，游云龙，1995. 弯叶画眉草在红壤矿区尾砂坝的生态适应性及其防护效果 [J]. 环境与开发，10(3)：1-5.

蔡志军，2005. 薇甘菊应科学防治　深圳有 2 种树可克薇甘菊 [J]. 草业科学，22(7)：62.

曹晓晓，柴丽君，蔡晓梦，等，2013. 外来入侵植物阔叶丰花草的生长与繁殖特性 [J]. 温州大学学报（自然科学版），34(2)：29-35.

陈高坤，马丹丹，李根有，2023. 浙江 3 种归化新记录植物 [J]. 浙江林业科技，43(1)：112-115.

陈亮，李会娜，杨民和，等，2011. 入侵植物薇甘菊和三叶鬼针草对土壤细菌群落的影响 [J]. 中国农学通报，27(8)：63-68.

陈瑞屏，徐庆华，李小川，等，2003. 紫红短须螨的生物学特性及其应用研究 [J]. 中南林学院学报，23(2)：89-93.

陈世国，强胜，2015. 生物除草剂研究与开发的现状及未来的发展趋势 [J]. 中国生物防治学报，31(5)：770-779.

陈雨婷，马良，陆堂艳，等，2021. 国内鬼针草属杂草类群的鉴别 [J]. 常熟理工学院学报，35(2)：87-91.

成秀媛，2006. 幌伞枫对薇甘菊的化感作用 [D]. 广州：中山大学.

程来品，曹方元，仇学平，等，2013. 不同除草剂对直播稻田马唐等杂草的防

效 [J]. 杂草科学，31(1)：64-65.

程伟文，叶新峰，李桂荣，等，2004. 薇甘菊叶枯病的研究 [J]. 广东林业科技，20(3)：64-65.

邓玲姣，邹知明，2012. 三叶鬼针草生长、繁殖规律与防除效果研究 [J]. 西南农业学报，25(4)：1460-1463.

邓雄，冯惠玲，叶万辉，等，2003. 寄生植物菟丝子防治外来种薇甘菊研究初探 [J]. 热带亚热带植物学报，11(2)：117-122.

丁元，张矗，王锁刚，2016. 积雪草苷的研究进展 [J]. 时珍国医国药，27(3)：697-699.

杜浩，刘学敏，周劲松，等，2022. 马唐的综合防控研究进展 [J]. 安徽农业科学，50(8)：26-28.

樊绍钵，1995. 药材图（续集）[M]. 北京：中医古籍出版社：133.

范志伟，程汉亭，沈奕德，等，2010. 海南薇甘菊调查监测及其风险评估 [J]. 热带作物学报，31(9)：1596-1601.

傅立国，陈潭清，郎楷永，等，2005. 中国高等植物. 第2卷 [M]. 青岛：青岛出版社：326-331.

高侃，2007. 外来种小飞蓬、一年蓬及其伴生种生物学特征与生理生态特性比较研究 [D]. 吉林：吉林农业大学.

高兴祥，李美，房锋，等，2015. 小飞蓬水浸提液对杂草萌发和生长的抑制效果 [J]. 草业科学，32(1)：48-53.

高兴祥，李美，高宗军，等，2009. 外来物种小飞蓬的化感作用初步研究 [J]. 草业学报，18(5)：46-51.

高兴祥，李美，高宗军，等，2010. 外来入侵植物小飞蓬化感物质的释放途径 [J]. 生态学报，30(8)：1966-1971.

高兴祥，李美，于建垒，等，2006. 小飞蓬提取物除草活性的生物测定 [J]. 植物资源与环境学报，15(1)：18-21.

辜睿，蒲磊，李军亚，等，2021. 番茄对不同养分水平下南美蟛蜞菊和蟛蜞菊化感作用的响应 [J]. 广西植物，41（8）：1354-1362.

郭成林，覃建林，马永林，等，2015．8种除草剂对木薯地杂草的防除效果及其安全性 [J]．农药，54(5)：387-390．

郭成林，覃建林，马永林，等，2016．5种除草剂对芒稷、马唐的生物学活性及旱稻安全性评价 [J]．南方农业学报，47(3)：389-394．

郭传斌，2017．药剂防除荒地大龄小飞蓬效果试验 [J]．现代农业科技，689(3)：95-97．

郭琼霞，于文涛，黄振，2015．外来入侵杂草——假臭草 [J]．武夷科学，31：130-134．

郭耀纶，陈志达，林杰昌，2002．Using a consecutive-cutting method and allelopathy to control the invasive vine，Mikania micrantha H.B.K[J]．台湾林业科学，17(2)：171-181．

郭怡卿，赵国晶，1990．云南发现一种可用以防治杂草马唐的黑粉菌 [J]．植物保护，16(4):54．

国家药典委员会，2020．中华人民共和国药典：一部 [M]．北京：中国医药科技出版社：296．

韩烈保，杨碚，邓菊芬，1999．草坪草种及其品种 [M]．北京：中国林业出版社：179-180．

韩诗畴，李开煌，罗莉芬，等，2002．菟丝子致死薇甘菊 [J]．昆虫天敌，24(1)：7-14．

郝建华，强胜，2005．外来入侵性杂草——胜红蓟 [J]．杂草科学，4：54-58．

何海燕，2016．微甘菊的防治及其利用研究趋势 [J]．现代园艺，316(16)：50-51．

何圣米，杨悦俭，李必元，等，2005．设施蔬菜—水生蔬菜水旱轮作模式的应用 [J]．浙江农业科学 (11)：10-12．

洪岚，沈浩，杨期和，等，2004．外来入侵植物三叶鬼针草种子萌发与贮藏特性研究 [J]．武汉植物学研究，22(5)：433-437．

洪岚，叶万辉，沈浩，等，2005．薇甘菊组织培养及体细胞胚胎发生的研究 [J]．浙江大学学报 (农业与生命科学版)，31(5)：572-578．

胡玉佳，毕培曦，1994. 微甘菊生活史及其对除莠剂的反应研究 [J]. 中山大学学报（自然科学版），33(4)：88-95.

黄华枝，夏聪，黄炳球，等，2008. 薇甘菊化学防治方法的研究 [J]. 广东园林，4：14-16.

黄茂俊，周立峰，刘细平，等，2013. 防治薇甘菊新药剂的研制 [J]. 广东林业科技，29(3)：53-59.

黄秋生，2008. 外来植物野茼蒿的入侵生物学及其综合管理研究 [D]. 杭州：浙江师范大学.

黄志容，黄仿高，李华基，等，2011. 应用除薇灵防治薇甘菊的初步研究 [J]. 农家之友（理论版），316(1)：49-51，55.

暨淑仪，宁洁珍，吴方春，等，1995. 报道一种优势旱地杂草——阔叶丰花草 [J]. 杂草学报，9(1)：51-52.

蹇洪英，邹寿青，2002. 两耳草在西双版纳雾凉季的光合、蒸腾和光能、水分利用效率研究 [J]. 中国草地，21(1)：9-13.

江贵波，2008. 入侵物种三裂蟛蜞菊挥发物质的鉴定及其抗菌活性 [J]. 中国生态农业学报，16 (5)：905-908.

姜凤，2013. 马唐草与百喜草微量元素的测定 [J]. 山东化工，42(09)：68-70.

蒋露，张艳武，郭强，等，2016. 我国入侵植物薇甘菊（菊科）的细胞学研究 [J]. 热带亚热带植物学报，24(5)：508-514.

蒋易凡，陈国奇，董立尧，2017. 稻田马唐对稻田常用茎叶处理除草剂的抗性水平研究 [J]. 杂草学报，35(2)：67-72.

金立，2021. 对草甘膦铵盐、草铵膦和三氟羧草醚钠盐混配对非耕地杂草的联合作用及田间防效研究 [J]. 世界农药，43(1)：50-56.

靳晓山，解林昊，王雪，等，2018. 98% 棉隆微粒剂对人参田杂草的防除效果及安全性 [J]. 农药，7(9)：682-686.

柯展鸿，陈鸿，陈雁飞，等，2014. 南美蟛蜞菊和蟛蜞菊化感作用的比较研究 [J]. 华南师范大学学报（自然科学版），46（1）：83-88.

孔国辉，吴七根，胡启明，等，2000. 薇甘菊（*Mikania micrantha*）的形态、分类与生态资料补记 [J]. 热带亚热带植物学报，8(2)：128-130.

李朝会，2014. 苦楝等三种植物水浸提液对阔叶丰花草化感作用的研究 [D]. 杭州：浙江农林大学.

李光义，侯宪文，邓晓，等，2010. 除草剂对蟛蜞菊化感作用的影响研究 [J]. 中国农学通报，26(1)：173-181.

李华洪，何成成，习平根，等，2022. 南美蟛蜞菊霜霉病病原鉴定及系统发育分析 [J]. 生物安全学报，31(2)：156-162.

李华英，陈萍，刘暮莲，2005. 10% 乙羧氟草醚乳油防除花生田阔叶杂草的效果及安全性 [J]. 广西农业科学，36(1)：41-42.

李华英，贾雄兵，劳恒，等，2009. 75% 三氟啶磺隆钠盐水分散粒剂防除甘蔗田杂草的效果 [J]. 杂草科学，3：42-44.

李华英，李正扬，2002. 金都尔 96% EC 防除花生田杂草田间药效试验 [J]. 广西植保，15(1)：10-11.

李健，李岩，高兴祥，等，2016. 马唐生防菌厚垣孢镰刀菌 ZC201301 的生物学特性研究 [J]. 草业学报，25(3)：234-239.

李鸣光，鲁尔贝，郭强，等，2012. 入侵种薇甘菊防治措施及策略评估 [J]. 生态学报，32(10)：3240-3251.

李新，张庆康，高坤，2004. 一年蓬的化学成分研究 [J]. 西北植物学报，21(11)：2096-2099.

李扬汉，1998. 中国杂草志 [M]. 北京：中国农业出版社：237-238，267-274.

李云琴，季梅，刘凌，等，2019. 云南省林地薇甘菊防控研究进展 [J]. 生物安全学报，28(1)：1-6.

李振宇，解焱，2002.中国外来入侵种 [M]. 北京：中国林业出版社：153.

李志刚，韩诗畴，郭明昉，等，2005. 安娜珍蝶和艳婀珍蝶幼虫对饥饿的耐受能力 [J]. 昆虫知识，42(4)：429-430.

廖文波，凡强，王伯荪，等，2002. 侵染薇甘菊的菟丝子属植物及其分类学鉴定 [J]. 中山大学学报（自然科学版），41(6)：54-56.

林美宏，孔德宁，周利娟，2020. 假臭草生物学特性及防治的研究进展 [J].

中国植保导刊，40(12)：82-85.

林敏，郝建华，吴海荣，2011．胜红蓟入侵江苏省的风险评估 [J]．常熟理工学院学报，25(10)：71-75.

林意忠，阳小成，刘冬艳，2021．入侵植物小飞蓬（*Conyza canadensis*）对农地蔬菜生长的影响 [J]．应用与环境生物学报，27(6)：1516-1521.

刘宽，2021．中国画眉草族植物分类和系统发育研究 [D]．济南：山东师范大学．

刘雪凌，韩诗畴，曾玲，等，2007．薇甘菊（*Mikania micrantha*）天敌——安娜珍蝶 [*Actinote anteas* (Doubleday & Hewitson)] 实验种群生命表 [J]．生态学报，27(8)：3527-3531.

马永林，覃建林，马跃峰，等，2013．4 种除草剂对柑桔园杂草阔叶丰花草的防除效果 [J]．中国南方果树，42(3)：57-58.

马永林，覃建林，马跃峰，等，2013．几种除草剂对柑橘园入侵性杂草假臭草防除效果 [J]．农药，52(6)：444-446.

马永林，覃建林，马跃峰，等，2014．14 种磺酰脲类除草剂对蔗田香附子的防效及安全性评价 [J]．西南农业学报，27(6)：2419-2422.

马跃峰，杜晓莉，覃建林，等，2002．广西草坪杂草的发生危害及药剂防除 [J]．西南农业学报，15(1)：54-59.

孟静，庄怡雪，黄泽豪，等，2022．福建省新记录归化植物及其药用价值入侵性分析 [J]．中国现代中药，24(2)：222-228.

欧丽，刘足根，方红亚，等，2011．Cd 对野茼蒿种子发芽的影响 [J]．生态毒理学报，6(4)：441-444.

彭东辉，2012．毛蕊 [J]．热带亚热带植物学报，20(6)：536.

祁珊珊，贺芙蓉，汪晶晶，等，2020．丛枝菌根真菌对入侵植物南美蟛蜞菊生长及竞争力的影响 [J]．微生物学通报，47(11)：3801-3810.

钱亚明，赵密珍，吴伟民，等，2012．设施草莓—蕹菜水旱轮作模式下蕹菜栽培研究初报 [J]．江苏农业科学，40(12)：167-168.

钱益新，聂先雄，2007．香附子生物学特性研究 [M]// 面向 21 世纪的植物保护发展战略：中国植物保护学会第八届全国会员代表大会暨 21 世纪植物保护发展战略学术研讨会论文集. 北京：中国科学技术出版社：965-967.

强胜，曹学章，2000. 中国异域杂草的考察与分析 [J]. 植物资源与环境学报，9(4)：34-38.

强胜，曹学章，2001. 外来杂草在我国的危害性及其管理对策 [J]. 生物多样性，2：188-195.

秦慧真，林思，邓玲玉，等，2021. 积雪草苷的药理作用及机制研究进展 [J]. 中国药房，32(21)：2683-2688.

全国明，毛丹鹃，章家恩，等，2016. 五爪金龙、南美蟛蜞菊入侵对土壤化学和微生物学性质的影响 [J]. 植物营养与肥料学报，22(2)：437-449.

全国中草药汇编编写组，1975. 全国中草药汇编 [M]. 北京：人民卫生出版社：464.

任行海，2021. 基于薇甘菊柄锈菌的薇甘菊生物防控探索研究 [D]. 重庆：西南大学.

尚成名，2006. 香附子的发生与防治 [J]. 安徽农学通报，12(9)：79.

尚春琼，朱珣之，2019. 外来植物三亚鬼针草的入侵机制及其防治与利用 [J]. 草业科学，36(1)：47-60.

申时才，徐高峰，张付斗，等，2012. 红薯对薇甘菊的竞争效益 [J]. 生态学杂志，31(4)：850-855.

史延茂，黄亚丽，董超，等，2006. 细菌除草剂色杆菌属 S-4 马唐致病菌除草活性评估 [J]. 农药，45(11)：782-784.

孙莲莲，2020. 三裂蟛蜞菊的活性成分研究 [D]. 广州：广东药科大学.

孙祎敏，冀营光，李楠，2010. 小单孢菌属 X46 马唐致病菌的筛选（英文）[J]. Plant Diseases and Pests，1(5)：50-53.

孙振中，尹俊，罗富成，等，2008. 4 个画眉草品种在云南嵩明地区的比较 [J]. 草业科学，25(4)：60-63.

覃建林，龙丽萍，梁卫忠，2005. 13 种除草剂对甘蔗田恶性杂草香附子的防除效果试验及评价 [J]. 广西农业科学，36(4)：359-362.

唐吉和，2012．小飞蓬对草甘膦的抗药性研究 [D]．长沙：湖南农业大学．

田学军，陶宏征，沈云玫，等，2016．莠去津对南美蟛蜞菊抗氧化酶活性的影响与细胞毒性 [J]．农药，55(9)，672-674．

王伯荪，李鸣光，余萍，等，2002．菟丝子属植物的生物学特性及其对薇甘菊的防除 [J]．中山大学学报（自然科学版），41(6)：49-53．

王德槟，张德纯，2001．台湾新兴蔬菜（二）——菊芹和藤三七 [J]．中国蔬菜，5：51-52．

王瑞龙，陈颖，张晖，等，2013．薇甘菊萎蔫病毒寄主范围、传播媒介和危害特点 [J]．生态学杂志，32(1)：72-77．

王星懿，孙振天，王雪，等，2019．35% 威百亩水剂对人参田杂草的防除效果及安全性 [J]．农药，58(4)：307-310．

王旭萍，刘强，杨珊，2020．2 种菊科入侵植物之间的化感作用 [J]．江苏农业科学，48(1)：114-120．

王真辉，安锋，陈秋波，2006．外来入侵杂草——假臭草 [J]．热带农业科学，26(6)：33-37．

王真辉，陈秋波，郭志立，等，2007．假臭草丛枝病植原体 16SrDNA 检测与 PCR-RFLP 分析 [J]．热带作物学报，28(4)：51-56．

温广月，钱振官，李涛，等，2014．马唐生物学特性初步研究 [J]．杂草科学，32(2)：1-4．

翁文烽，2021．18 种药用植物的生药学研究 [D]．广州：广东药科大学．

翁小香，黄文武，孔德云，2011．积雪草中三萜类成分及其药理活性研究进展 [J]．中国医药工业杂志，42(9)：709-716．

吴燕文，2019．积雪草苷治疗烧伤创面的作用机制研究 [D]．南京：南京中医药大学．

伍成厚，2015．毛茛的繁育技术 [J]．花卉，7：6．

徐慈鸿，李贻华，邹采荐，等，1992．九种台湾常见杂草对臭氧耐受性之比较 [J]．台湾杂草学会会刊，24(2)：75-87．

徐高峰，张付斗，李天林，等，2009．5 种植物对薇菊化感作用研究 [J]．西南农业学报，22(5)：1439-1443.

徐海根，王建民，强胜，等，2004. 外来物种入侵生物安全遗传资源 [M]. 北京：科学出版社.

徐小燕，张卓亚，李冬梅，等，2021. 棉田恶性杂草香附子的研究概况 [J]. 杂草学报，39(1)：1-11.

薛生国，陈英旭，骆永明，等，2004. 商陆（*Phytolacca acinosa* Roxb.）的锰耐性和超积累 [J]. 土壤学报，41(6)：889-895.

严靖，闫小玲，马金双，2016. 中国外来入侵植物彩色图鉴 [M]. 上海：上海科学技术出版社：254.

严文斌，全国明，章家恩，等，2013. 环境因子对三叶鬼针草与鬼针草种子萌发的影响 [J]. 生态环境学报，22(7)：1129-1135.

杨彩宏，田兴山，冯莉，等，2014. 不同秸秆水提液在不同光照强度下对马唐萌发与生长的影响 [J]. 中国农学通报，30(4)：270-274.

杨彩霞，凌琴琴，韩冰洋，等，2021. 野茼蒿中的三萜和甾体化合物 [J]. 西北师范大学学报（自然科学版），57(6)：70-74.

杨成梓，刘小芬，范世明，等，2013. 福建被子植物分布新记录 V [J]. 亚热带植物科学，2(1)：65-67.

杨叶，张宇，王兰英，等，2012. 海南假臭草叶斑病菌分离及生物学特性 [J]. 热带农业科学，32(6)：65-69.

杨子林，2009. 滇西南蔗区新有害生物——阔叶丰花草 [J]. 中国糖料 (4)：41-43.

叶宝鉴，陈新艳，陈永滨，等，2020. 福建南靖 3 种省级被子植物新记录 [J]. 亚热带农业研究，16(2)：106-109.

殷茜，汪洪江，刘兴剑，2019. 南京中山植物园外来入侵植物分布特征及其入侵途径 [J]. 华东师范大学学报（自然科学版），2：128-134，163.

殷茜，汪洪江，刘兴剑，2019. 南京中山植物园外来入侵植物分布特征及其入侵途径 [J]. 华东师范大学学报（自然科学版），3(3)：128-134.

尹俊，蒋龙，2009. 云南画眉草属植物种质资源的研究 [C]// 中国草学会牧草育种委员会第七届代表大会论文集：358-366.

袁珂，吕洁丽，贾安，2006. 含羞草化学成分的研究 [J]. 中国药学杂志 (17)：1293-1295.

袁伟影，冯进，张晓雅，等，2017. 入侵植物南美蟛蜞菊和本土蟛蜞菊生长对土壤养分的响应 [J]. 生态学杂志，36(4)：962-970.

昝启杰，王伯荪，王勇军，等，2000. 外来杂草薇甘菊的分布与危害 [J]. 生态学杂志，19(6)：58-61.

昝启杰，王伯荪，王勇军，等，2002. 田野菟丝子控制薇甘菊的生态评价 [J]. 中山大学学报（自然科学版），41(6)：60-63.

昝启杰，王勇军，梁启英，等，2001. 几种除草剂对薇甘菊的杀灭试验 [J]. 生态科学，20(Z1)：32-36.

泽桑梓，苏尔广，闫争亮，等，2013. 薇甘菊颈盲蝽对薇甘菊的控制作用 [J]. 西部林业科学，42(1)：46-52.

张传伟，2003. 玉米田香附子的发生危害与防治 [J]. 农药市场信息，12：1.

张德胜，康照金，尤双梅，等，2017. 鼠曲草花中黄酮的提取及抗氧化活性研究 [J]. 现代农业科技 (24)：237-240.

张慧颖，孙赟，饶高，2012. 鼠曲草属药用植物化学成分及药理作用研究进展 [J]. 中国民族民间医药，15(3)：60-64.

张静，闫明，李钧敏，2012. 不同程度南方菟丝子寄生对入侵植物三叶鬼针草生长的影响 [J]. 生态学报，32(10)：3136-3143.

张玲玲，韩诗畴，李丽英，等，2006. 入侵害草薇甘菊的防除研究进展 [J]. 热带亚热带植物学报，14(2)：162-168.

张玲玲，韩诗畴，李志刚，等，2006. 艳婀珍蝶取食对薇甘菊叶片生理指标的影响 [J]. 生态学报，26 (5)：1330-1336.

张帅，2010. 外来植物小飞蓬入侵生物学研究 [D]. 上海：上海师范大学.

张泰劼，崔烨，郭文磊，等，2019. 外来植物阔叶丰花草的研究进展 [J]. 杂草学报，37(3)：1-5.

张小刚，2009. 积雪草种内变异和品质评价研究 [D]. 上海：第二军医大学.

张勇，张震，邱海萍，等，2010. 马唐炭疽菌 *Colletotrichum hanaui* 三类 Gα 亚基基因的克隆与序列分析 [J]. 浙江农业学报，22(6)：716-721.

张悦丽，秦立琴，高兴祥，等，2010. 小根蒜对花生田 3 种主要杂草马唐、稗草和反枝苋的化感作用 [J]. 草业学报，19(5)：57-62.

张仲新，方正，华珞，等，2009. 不同栽培方式对含羞草生长发育与生理特性的影响 [J]. 北方园艺，3：168-170.

赵厚本，邵志芳，杨义标，等，2007. 华南地区几种常见植物对薇甘菊的化感作用研究 [J]. 生态环境，16(1)：130-134.

赵梦莹，蔡明，袁福锦，等，2016. 7 份云南野生画眉草属植物农艺性状的比较研究 [J]. 中国草食动物科学，36(4)：35-38.

赵秀梅，刘辉，李永聪，2004. 喷特乳油防除大豆田杂草马唐效果试验 [J]. 大豆通报，2：5-25.

中国科学院中国植物志编辑委员会，1979. 中国植物志 [M]. 北京：科学出版社.

中国科学院中国植物志编辑委员会，1985. 中国植物志 [M]. 北京：科学出版社.

中国科学院中国植物志编辑委员会，1990. 中国植物志 [M]. 北京：科学出版社.

中国饲用植物志编辑委员会，1995. 中国饲用植物志 [M]. 北京：中国农业出版社.

钟军弟，刘锴栋，黄欢，等，2016. 窿缘桉根及凋落叶对假臭草种子萌发和幼苗的化感作用 [J]. 岭南师范学院学报，37(6)：86-92.

周雨露，李凌云，高俊琴，等，2016. 种间竞争对入侵植物和本地植物生长的影响 [J]. 生态学杂志，35(6)：1504-1510.

朱慧，马瑞君，吴双桃，等，2007. 五爪金龙对其草本伴生种部分生理指标的影响 [J]. 武汉植物学研究，25(1)：75-78.

朱慧，吴双桃，2012. 三裂蟛蜞菊入侵对植物多样性的影响及其根提取物的抑草效应 [J]. 西北农业学报，21(2)：38-44.

朱云枝，强胜，2004. 真菌菌株 QZ-2000 对马唐（*Digitaria sanguinalis*）致病力的影响因子 [J]. 南京农业大学学报，27(2)：47-50.

庄武，曲智，曲波，等，2009. 警惕垂序商陆在辽宁蔓延 [J]. 农业环境与发展，26(4)：72-73.

邹德勇，杨智越，杜春梅，2020. *Phaeosphaeria* sp. HD-06 菌株对马唐的致病性分析及初步鉴定 [J]. 植物保护，46(4)：98-104.

AKBAR N，JABRAN K，ALI MA，2011. Weed management improves yield and quality of direct seeded rice[J]. Australian Journal of Crop Science，5(6)：688.

ALSAEEDI FJ，2014. Study of the cytotoxicity of asiaticoside on rats and tumour cells[J]. BMC Cancer，14(1)：220.

ALSAEEDI FJ，BITAR M，PARIYAVI S，2011. Effect of asiaticoside on 99m Tctetrofosmin and 99m Tc-sestamibi uptake in MCF-7 cells[J]. Journal of Nuclear Medicine Technology，39 (4)：279-283.

BARRETO RW，EVANS HC，1995. The mycobiota of the weed *Mikania micrantha* in southern Brazil with particular reference to fungal pathogens for biological control[J]. Mycological Research(3)：343-352.

BENDIXEN LE，NANDIHALLI UB，1987. Worldwide distribution of purple and yellow nutsedge (*Cyperus rotundus* and *C.esculentus*)[J]. Weed Technology，1(1)：61-65.

COCK MJW，1982. Potential biological control agents for *Mikania micrantha* HBK from the Neotropical Region[J]. Tropical Pest Management，28(28)：242-254.

COCK MJW，2009. The biology and host specificity of *Liothrips mikaniae* (Priesner) (Thysanoptera: Phlaeothripidae)，a potential biological control agent of *Mikania micrantha* (Compositae)[J]. Bulletin of Entomological Research，72(3)：523-533.

COCK MJW，ELLISON CA，EVANS HC，et al.，2000. Can failure be turned

into success for biological control of mileaminute weed (*Mikania micrantha*)[M]//
Proceedings of the International Symposium on Biological Control of Weeds.
Bozeman Montana USA. 155-167.

DE CHENON RD, 2003. Feeding preference tests of two Nymphalid butterflies,
Acinote thalia pyrrha and *Actinote anteas* from South America for the biocontrol
of *Mikania micrantha* (Asteraceae) in South East Asia[A]. Guangzhou: Sun Yat-
sen University Press: 201.

HERSHENHORN J, ZION B, SMIRNOV E, et al., 2015. Cyperus rotundus
control using a mechanical digger and solar radiation[J]. Weed Research,
55(1): 42-50.

HOROWITZ M, 1992. Mechanisms of establishment and spreading of *Cyperus
rotundus* the worst weed of warm regions[J]. Proceed First International Weed
Control Congress, 1: 94-97.

ISMAIL BS, CHUAH TS, KHATIJAH HH, 2001. Metabolism, uptake
and translocation of 14C-paraquat in resistant and susceptible biotypes of
Crassocephalum crepidioides(Benth.) S. Moore[J]. Weed Biology and
Management, 1: 176-181.

JIANG T, ZHOU XP, 2004. First report of *Malvastrum* yellow vein virus
infecting *Agemtum conyzoides*[J]. Plant Pathology, 53(6): 799.

JOHNSON DA, BAUDOIN ABAM, 1997. Mode of infection and factors
affecting disease incidence of *Loose Smut of Crabgrass*[J]. Biological Control,
10(2): 92-97

KASHINA BD, MABAGALA RB, MPUNAMI A, 2003. A first report
Ageratum conyzoides L. and *Sidaacuta* Bum F. as new weed hosts of tomato
yellow leaf curl Tanzania virus[J]. Plant Protection Science, 39(1): 18-22.

KONG Y, JAMES K, DINGKANG W, et al., 2017. Effect of *Ageratina
adenophora* invasion on the composition and diversity of soil microbiome[J].
Journal Genetic Application Microbiology, 63(10): 114-121.

LATI RN, FILIN S, EIZENBERG H, 2011. Temperature and radiation based models for predicting spatial growth of purple nutsedge (*Cyperus rotundus*)[J]. Weed Science, 59(4): 476-482.

MAHMOOD A, CHEEMA ZA, 2004. Influence of sorghum mulch on purple nutsedge (*Cyperus rotundus* L.)[J]. International Journal of Agricultural Biologial, 6(1): 86-88.

OKOLI CAN, SHILLING DG, SMITH RL, et al., 1997. Genetic diversity in purple nutsedge (*Cyperus rotundus* L.) and yellow nutsedge (*Cyperus esculentus* L.)[J]. Biological Control, 8(2): 111-118.

POWELL KI, CHASE JM, KNIGHT TM, 2011. A synthesis of plant invasion effects on biodiversity across spatial scales[J]. American Journal of Botany, 98(1): 539-548.

REN WW, HUI CZ, HUANG R, et al., 2010. Development of microsatellite loci for the invasive weed *Wedelia trilobata*[J]. American Journal of Botany, 11(9): 114-116.

SANTOS BM, MORALES JP, STALL WM, et al., 1997. Effects of shading on the growth of nutsedges(*Cyperus* spp.)[J]. Weed Science, 45(5): 670-673.

SANTOS BM, MORALES JP, STALL WM, et al., 1998. Influence of purple nutsedge (*Cyperus rotundus*) density and nitrogen rate on radish (*Raphanus sativus*) yield[J]. Weed Science, 46: 661-664.

SAUNDERS K, BEDFORD D, BRIDDON RW, et al., 2000. A unique virus complex causes Ageralum yellow vein disease[J]. Proceedings of the National Academy of Sciences of the United States of American, 97(12): 6890-6895.

SHAHIDA K, 2014. Weeds of Pakistan: *Cyperaceae*[J]. Weed Science Research, 20(2): 233-263.

SHAMA OP, SHAMA PN, RANA R, 2001. Prevalence and distribution of Ageratum yellow mosaic disease in Hinachal Pradesh[J]. Hinachal Journal of Agricultural Research, 27(1): 46-50.

STOLLER EW, SWEET RD, 1987. Biology and life cycle of purple and yellow nutsedges (*Cyperus rotundus* and *C. esculentus*)[J]. Weed Technology, 1(1): 66-73.

TILLEY AM, WALKER HL, 2002. Evaluation of *Curvularia intermedia* (*Cochliobolus intermedius*) as a potential microbial herbicide for large crabgrass (*Digitaria sanguinalis*)[J]. Biological Control, 25(1): 12-21.

WAGNER WL, HERBST DR, SOHMER SH, 1999. Manual of the flowering plants of Hawai[M]. Honolulu: University of Hawai Press: 373-374.

WANG RL, DING LW, SUN QY, et al., 2008. Genome sequence and characterization of a new virus infecting *Mikania micrantha*[J]. Archives of Virology, 153(9): 1765-1770.

WANG RL, SONG YY, SU YJ, et al., 2012. Simulated acid rain accelerates litter decomposition and enhances the allelopathic potential of the invasive plant *Wedelia trilobata*[J]. Weed Science, 60(8): 462-467.

WEAVER SE, 2001.The biology of Canadian weeds Conyza canadensis [J]. Canadian Journal of Plant Science, 81(10): 867-875.

WEBSTER TH, COBLE HD, 1997. Changes in the weed species composition of the southern United States: 1974 to 1995[J]. Weed Technology, 11(2): 308-317.

WIESE AF, SALISBURY CD, BEAN BW, 1995. Downy brome (*Bromus tectorum*), Jointed goat grass (*Aegilops cylindrica*) and horseweed (*Conyza canadensis*) control in fallow[J]. Weed Technology, 9(2): 249-254

ZHOU S, CHEN P, LI M, et al., 2016. Tall grasses have an advantage over the invasive vine *Mikania micrantha*: potential control agents[J]. Biochemical Systematics and Ecology, 65: 238-244.